普通高等学校建筑学专业规划教材

文化类
公共建筑无障碍
设计教程

BARRIER-FREE DESIGN FOR
CULTURAL PUBLIC BUILDINGS

梁献超　韩　颖　主编

U0244143

化学工业出版社

·北京·

内容简介

《文化类公共建筑无障碍设计教程》在兼顾一般性公共建筑无障碍通用设计要素的同时，通过重点讲述文化类公共建筑中展示、操作、交流、导向标识等无障碍设计的要素与方法，为国内高校开设无障碍设计相关的专业课程和在设计课程学习中实践无障碍设计提供学习参考。全书分别介绍了公共建筑无障碍环境建设发展历程和国内存在的相关问题，无障碍设计要素、现状分析、设计方法、法规与实践以及无障碍环境设计实验等内容，图文并茂，言简意赅。

《文化类公共建筑无障碍设计教程》以点带面，为国内高校在建筑学本科专业教学中开设无障碍设计相关的专业课程及在设计课程学习中实践无障碍设计提供学习参考。

《文化类公共建筑无障碍设计教程》可作为高等学校建筑学专业及相关专业的本科生教学用书，也可作为相关设计人员和科研人员的参考用书。

图书在版编目（CIP）数据

文化类公共建筑无障碍设计教程/梁献超，韩颖主编.—北京：化学工业出版社，2021.7（2022.10 重印）
普通高等学校建筑学专业规划教材
ISBN 978-7-122-39232-9

Ⅰ.①文…　Ⅱ.①梁…②韩…　Ⅲ.①文化建筑-建筑设计-高等学校-教材②公共建筑-建筑设计-高等学校-教材
Ⅳ.①TU242

中国版本图书馆 CIP 数据核字（2021）第 096533 号

责任编辑：尤彩霞　　　　　　　　　　　　文字编辑：林　丹　沙　静
责任校对：王　静　　　　　　　　　　　　装帧设计：韩　飞

出版发行：化学工业出版社（北京市东城区青年湖南街 13 号　邮政编码 100011）
印　　装：涿州市殷润文化传播有限公司
787mm×1092mm　1/16　印张 9½　字数 228 千字　2022 年 10 月北京第 1 版第 2 次印刷

购书咨询：010-64518888　　　　　　　　售后服务：010-64518899
网　　址：http://www.cip.com.cn
凡购买本书，如有缺损质量问题，本社销售中心负责调换。

定　　价：59.00 元

无障碍环境建设是集建筑设计、室内设计、工业产品设计和信息智能化等多学科交叉融合的结果。对于无障碍设计的研究，可以追溯到 20 世纪 50 年代，当时西方社会在经历第二次世界大战的破坏之后，进入高速发展期，劳动力短缺，残疾人开始被一些工厂雇佣，社会开始重新评价残疾人士。欧洲议会在 1959 年通过了《方便残疾人使用的公共建筑设计与建设的决议》。随着人文主义思想的发展和影响，无障碍设计逐渐深入人心，逐步成为建筑与公共环境建设领域的强制性规范要求。20 世纪 70 年代，美国建筑师迈克尔·贝德纳（Michael Bednar）提出"正是不当的环境设计才给人们造成了各种能力的约束，环境制约了人们能力的发挥；如果将环境障碍完全消除掉，那么所有人的能力都将会大大释放"。因此，他建议使用"通用设计"这一更为广泛的概念。

如今，我国老龄人口规模日趋庞大，加之自然或人为灾害导致的残疾人数量增加，使得存在活动障碍的群体如何平等地参与社会活动，成为当前需要给予足够关注的重大命题。从建筑界解决老年人、残疾人群体参与社会活动中面临的建筑环境障碍上看，主要途径是通过无障碍设计，以及在其基础上逐渐发展成熟的通用设计理念及相关技术的实践。

我国公共建筑无障碍设计研究始于 20 世纪 80～90 年代，最早的规范是1988 年颁布的国家标准《方便残疾人使用的城市道路和建筑物设计规范》(JGJ 50—1988)。标准的主要内容是对建筑出入口、坡道、走道、门、楼梯和台阶、电梯、扶手、地面等部位的无障碍设施作出规定，保障残疾人使用这些设施的便利性和安全性。当前，国内建筑界对交通类公共建筑、居住类建筑的无障碍设施研究关注比较多，也制定了详细的标准，但相比较文化馆、博物馆、社区活动中心等老年人、残疾人潜在使用需求较高的文化类公共建筑，则缺少具体、独立的无障碍设计技术标准，特别是在文化类建筑中对于展示、视听、服务设施无障碍的研究不多，建筑、室内和展示三者无障碍设计研究缺少衔接和统一。

现阶段，我国高校中关于无障碍设计方面的教育相对比较薄弱，相关研究时间起步迟，研究机构少。国内高校中，除了少数高校如同济大学在建筑学本科专业教学中开设了无障碍设计相关的专业课程外，大多高校关于无障碍设计实践及相关规范的学习一般是在设计课程实践中有所涉及，其深度和普及性都不高。相比之下，欧、美、日等国家和地区的建筑学专业在无障碍设施科研领域已处于领先水平，如丹麦各大学相关专业中，都设置了和无障碍相关的课程，并经常举办以无障碍设计为主题的设计大赛，促进学生进一步主动学习与其相关的各类知识；美国纽约州立大学早在20世纪70年代就开展了无障碍研究工作，有专门的实验室和教研组；日本70%的高等院校开设了无障碍设计课程。我国首个针对无障碍设施研发、建设的专业研究机构——无障碍建设工程联合研究中心，于2011年5月在同济大学成立。

教材《文化类公共建筑无障碍设计教程》是基于编者对文化类建筑无障碍环境建设多年的教学经验、设计实践、研究积累，力求从多个方面尽可能通过翔实的案例、较科学的实验方案及基础资料，对文化类公共建筑无障碍设计方面的经验和案例，客观地进行定量分析与定性阐述。书后附录1为编者参考国内外有关规范自编的"文化类建筑无障碍设计指导书"，附录2为编者自编的关于文化类建筑"无障碍环境研究调查问卷"，以作为我国当前在文化类公共建筑中无障碍设计相关研究的补充。

本教材由金陵科技学院建筑工程学院梁献超、韩颖担任主编，参编人员包括吴琅、刘翠林（云南大学）、刘琰、李冰。

教材在兼顾一般性公共建筑无障碍通用设计要素的同时，通过重点讲述文化类公共建筑中展示、操作、交流、导向标识等无障碍设计要素与方法，为国内高校开设无障碍设计相关的专业课程与在设计课程学习中实践无障碍设计提供学习参考。本教材可作为高等学校建筑学专业及相关专业的本科生教学用书，也可作为相关设计人员和科研人员的参考用书。编者限于学识，书中难免存在疏漏之处，恳请各位读者予以批评指正。

编者
2021年2月

第1章 绪论 ·· 001

1.1 公共建筑无障碍环境建设发展历程 ············ 001
  1.1.1 国外公共建筑无障碍环境建设发展历程 ······· 002
  1.1.2 国内公共建筑无障碍环境建设发展历程 ······· 004
  1.1.3 国内外无障碍环境建设水平差异形成原因 ······ 005
1.2 国内公共建筑无障碍环境建设存在的问题 ······· 007
  1.2.1 在规划设计之初没有综合考虑所有使用群体的
      不同需求 ·· 007
  1.2.2 现有标准与设施不能涵盖公共建筑室内外无障碍
      环境要求 ·· 007
  1.2.3 针对文化类公共建筑无障碍需求研究偏少 ······ 007
  1.2.4 有照搬欧美发达国家的研究成果的现象 ········ 008
  1.2.5 缺少无障碍环境建成的监控评价机制 ·········· 008
1.3 文化类公共建筑无障碍设计范畴 ··············· 008
  1.3.1 使用者的需求 ································· 008
  1.3.2 使用者的区域 ································· 008
  1.3.3 使用者的流线 ································· 009
1.4 文化类公共建筑无障碍设计的实践意义 ········· 009
  1.4.1 拓展了无障碍设计的研究领域 ················ 009
  1.4.2 有助于无障碍设计理论与规范的完善 ·········· 010
  1.4.3 有利于地区公共服务环境和公众服务能力的提升 ··· 010
本章小结 ··· 010

第2章 无障碍设计要素 ······························ 011

2.1 无障碍设计基本概念 ··························· 011
  2.1.1 无障碍设施 ································· 011
  2.1.2 无障碍环境 ································· 011
  2.1.3 无障碍流线 ································· 011
2.2 具有不同环境障碍特征的使用者类型 ··········· 012

2.2.1　健康成年人 ·· 013

2.2.2　老年人 ··· 013

2.2.3　残疾人 ··· 013

2.2.4　儿童 ··· 014

2.2.5　外国人 ··· 014

2.3　基于不同心理需求的使用者行为特征 ············· 015

2.3.1　疲劳感 ··· 015

2.3.2　走近路与左边通行 ······································ 015

2.3.3　从众心理 ·· 017

2.3.4　保持领域性 ·· 017

2.3.5　聚集效应 ·· 018

2.3.6　触摸吸引力 ·· 018

2.4　基于不同观看需求的视角分析 ····················· 018

2.4.1　平视 ··· 019

2.4.2　俯视 ··· 020

2.4.3　仰视 ··· 020

2.5　基于展陈空间尺度的参观流线分析 ················ 020

2.5.1　展陈空间的布局方式 ···································· 020

2.5.2　展陈空间的参观路线 ···································· 021

2.5.3　展陈空间的尺度 ··· 021

2.6　无障碍设计中的人体工学 ·························· 024

2.6.1　人体工学基本概念 ······································ 024

2.6.2　人体尺寸标准 ··· 026

本章小结 ·· 027

第3章　公共建筑无障碍设计现状及分析 ··················· 028

3.1　公共建筑现状特点及无障碍设计流程 ············· 028

3.1.1　文化类公共建筑现状特点 ······························ 028

3.1.2　公共建筑无障碍设计流程 ······························ 031

3.2　文化类公共建筑功能空间与常见问题分析 ········ 032

3.2.1　功能空间分类 ··· 033

3.2.2　存在问题与解决思路 ···································· 035

3.3　文化类公共建筑交通流线与常见问题分析 ········ 036

3.3.1　交通流线主体构成 ······································ 036

3.3.2　存在问题与解决思路 ···································· 038

3.4　文化类公共建筑展示设计与常见问题分析 ········ 044

3.4.1　展示设计内涵 ··· 044

3.4.2　存在问题与解决思路 ···································· 048

3.5　文化类公共建筑公共服务与常见问题分析 ········ 050

3.5.1　公共服务内容 ··· 050

　　　3.5.2　存在问题与解决思路 ··························· 050
　　3.6　文化类公共建筑标识系统与常见问题分析 ··········· 052
　　　3.6.1　标识系统分类 ····························· 052
　　　3.6.2　存在问题与解决思路 ··························· 054
　　本章小结 ······································· 056

第4章　公共建筑无障碍设计方法 ··············· 057

　　4.1　环境障碍补偿法的设计策略 ··················· 057
　　　4.1.1　优化通行能力的可接近策略 ················· 059
　　　4.1.2　刺激感觉器官的展示性策略 ················· 062
　　　4.1.3　提高使用效益的操作性策略 ················· 064
　　4.2　保障使用者活动无障碍的设计原则 ············· 065
　　　4.2.1　活动路线安全便捷 ······················· 065
　　　4.2.2　展示观演体验丰富 ······················· 068
　　　4.2.3　公共服务易达可用 ······················· 071
　　　4.2.4　标识系统易于识别 ······················· 074
　　本章小结 ······································· 077

第5章　无障碍设计法规与实践 ··············· 078

　　5.1　国外无障碍设计法规与实践 ··················· 078
　　　5.1.1　以政府为导向的无障碍建设理念与实践 ······· 078
　　　5.1.2　以福利政策为标志的无障碍建设理念与实践 ··· 080
　　　5.1.3　以尊老护残为特征的无障碍建设理念与实践 ··· 083
　　5.2　我国无障碍设计法规与实践 ··················· 084
　　　5.2.1　中国内地（大陆）地区 ··················· 084
　　　5.2.2　中国港台地区 ··························· 087
　　5.3　国内外无障碍设计法规的比较 ················· 089
　　　5.3.1　无障碍环境考虑对象的差别 ················· 089
　　　5.3.2　无障碍设计内容的差别 ··················· 090
　　　5.3.3　无障碍信息化的差别 ····················· 093
　　　5.3.4　定量性指标的差别 ······················· 094
　　本章小结 ······································· 100

第6章　无障碍环境设计实验 ··············· 101

　　6.1　人体尺寸数据修正值测量实验 ················· 101
　　　6.1.1　实验目的 ······························· 101
　　　6.1.2　实验方法 ······························· 101

　　　6.1.3　实验内容 ……………………………………………… 102
　　　6.1.4　结果表达与实验报告 ………………………………… 103
　　6.2　轮椅使用者触及范围模拟实验 …………………………… 104
　　　6.2.1　实验目的 ……………………………………………… 104
　　　6.2.2　实验方法 ……………………………………………… 104
　　　6.2.3　实验内容 ……………………………………………… 105
　　　6.2.4　结果表达与实验报告 ………………………………… 105
　　6.3　观展舒适视距及视角范围测量实验 ……………………… 108
　　　6.3.1　实验目的 ……………………………………………… 108
　　　6.3.2　实验方法 ……………………………………………… 109
　　　6.3.3　实验内容 ……………………………………………… 109
　　　6.3.4　结果表达与实验报告 ………………………………… 110
　　本章小结 …………………………………………………………… 111

附录1　文化类建筑无障碍设计指导书（自编）　……………… 112

附录2　无障碍环境研究调查问卷（自编）　…………………… 132

参考文献　………………………………………………… 138

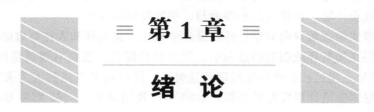

绪 论

1.1 公共建筑无障碍环境建设发展历程

随着社会经济和文化的发展，国际社会对残疾人的权利保护日益重视，残疾人权利保护的内涵逐渐从保护残疾人基本生活的权利延伸到保护其平等享有文化休闲活动与旅游的权利。联合国《残疾人权利公约任择议定书》中指出"确认在物质、社会、经济和文化环境、健康和教育、信息和通信等方面无障碍的重要性，使残疾人能够充分享受所有人权和基本自由"。日本大津市《琵琶湖千年行动纲要》提出发展目标是建立"一个包容、无障碍和以权利为本的社会"，其中"无障碍"社会是指"社会从体制、身体和自由观念上的无障碍，包括社会、经济和文化无障碍"。

早在春秋时期，孔子提出的"仁""智""泛爱众""君子和而不同"等思想，就是我国古代早期人文主义思想的表现。人文主义思想是一种基于理性和仁慈的哲学理论和世界观，也就是以理性推理为思想基础，以仁慈博爱为基本的价值观。而人文主义思想的核心就是"以人为本"，其内涵包括关注社会，把人在社会生活中的地位、尊严和权利作为精神追求，重视对知识、科学和真理的求索，关注提高个体文化素养，关注实际与现实，勇于实践探索等。

改革开放以来，无障碍设计已逐渐成为我国各级政府重视的基础设施建设问题之一。1988年9月中国残疾人联合会（简称中国残联）等部门联合颁布了《方便残疾人使用的城市道路和建筑物设计规范》，之后国家又多次修订完善该标准。2001年重新修订《城市道路和建筑物无障碍设计规范》后，特别是2008年北京奥运会和2010年上海世博会的成功举办，极大地推动了我国大城市无障碍环境的建设和发展。2012年3月，住房和城乡建设部与国家质量监督检验检疫总局又联合发布了现行的《无障碍设计规范》。这些法规政策都提出了在建设或改造公共设施、居民住宅等建筑时，应当考虑到老年人和残疾人的特殊需求，配备适合老年人和残疾人使用的设施；残疾人和老年人等乘坐公交车、地铁等公共服务工具时应当提供优先服务或者辅助性服务，给予方便和照顾；在公民中普及相关知识，提升残疾人与其他公民之间的相互理解和交流，宣传帮助残疾人的优秀事迹，发扬团结互助、自强不息、平等友爱的道德风尚；国家和各级政府应提供一定的经费来帮助、扶助残疾人，保障残疾人享有与正常人平等的权利。

党的十八大报告中提出必须坚持维护社会公平正义。公平正义是中国特色社会主义的内在要求。在全体人民共同奋斗、经济社会发展的基础上，加紧建设对保障社会公平正义具有重大作用的制度，逐步建立以权利公平、机会公平、规则公平为主要内容的社会保障体系，努力营造公平的社会环境，保证人民平等参与、平等发展的权利。

这些思想和现实的政策导向对设计师在设计中表达人文关怀和人性尊重的情感提出了要求，需要设计师们在场所环境创造的过程中，顺应时代潮流，强调对建筑使用者的关注度。特别是进入 21 世纪，我国社会老龄化问题日益突出，同时由于自然和人为灾害造成的残疾人数量增多。根据国家统计局发布的数据，2020 年，我国老年人（65 周岁及以上）人口总数达到 19064 万人，占总人口数的 13.5%；2010 年中国残疾人联合会统计我国残疾人总人数为 8502 万人。在国家层面坚持以人为本，执政为民，使改革发展成果更多惠及全体人民的框架下，保护老年人和残疾人合法权益也成为建筑界一个很重要的议题。从解决老年人、残疾人群体参与社会活动中面临的建筑环境障碍上看，主要方法是通过无障碍设计和通用设计理念及技术的应用来实现。

相对于国外来说，我国的无障碍建设发展起步较晚，现有的无障碍设计的法律法规还在不断完善中。如老年人居住建筑的无障碍设计规范从《老年人建筑设计规范》《老年人居住建筑设计标准》等逐步发展过渡到现行的《老年人照料设施建筑设计标准》（JGJ 450—2018），2019 年 11 月国务院出台《国家积极应对人口老龄化中长期规划》明确提出"打造老年宜居环境，普及公共基础设施无障碍建设"。国家标准除《无障碍设计规范》外，相关国家标准和地方规范中涉及的无障碍设计范围主要包括一般公共建筑与居住建筑的室内外环境和无障碍设施等方面。另外，由于东西方文化习惯不同和人体尺寸差异等方面因素，国外的无障碍设计标准运用于我国无障碍环境建设时会存在一定的不适用性，不能完全直接借鉴国外先进经验成果。因此，需要结合我国国情，研究适合我国人体尺寸需要的无障碍设计数据和有障碍人群的行为活动习惯，从而形成符合我国无障碍建设需要的相关设计准则。

国际上普遍认为，无障碍设计不仅仅是停留在传统意义上为大众所理解的硬件设施，例如为行动不便者、老人、儿童设置的高低差异设备、扶手以及盲道和坡道等常见的无障碍硬件设施。广义的无障碍设计还应包括图形化的信息指示，用色彩、材料、光影等手段表现的多元化信息传达方式，人性化的视觉引导系统和各种便捷的服务等软件层面。

1.1.1　国外公共建筑无障碍环境建设发展历程

联合国成立后，曾先后发布《残疾人权利宣言》《关于残疾人的世界行动纲领》等国际文件，均强调残疾人无障碍设施问题，这时的无障碍设计主要使用隔离和特殊对待老年人和残疾人的方法。20 世纪 50 年代，第二次世界大战之后的西方社会进入高速发展期，劳动力短缺，残疾人开始被一些工厂雇佣，社会开始重新看待他们，欧洲议会在 1959 年通过了"方便残疾人使用的公共建筑的设计与建设的决议"。1961 年，美国制定了世界上第一个"无障碍标准"。随着当代人文主义思想的发展和影响，无障碍设计逐渐深入人心，逐步成为建筑与公共环境建设领域的强制性规范要求。

总体来看，西方发达国家公共建筑的无障碍设计强调识别性、易达性、交互性、细节性。

① 识别性　识别性指无障碍设施位置和相关标识提示要清晰，充分利用人们的视觉、

听觉、触觉等，给予不断的提示和告知。如通过空间层次和个性创造，以合理的空间序列、形象的特征塑造鲜明的标识示意，以及悦耳的音响提示等来提高标识导向性和识别性。

② 易达性 易达性指区域行进中便捷、舒适，设施必须具有可接近性。如从规划上确保自入口到不同功能空间至少有一条方便、舒适的无障碍通道及必要的、可供使用的无障碍设施，并实现使用者不借助他人帮助得以独立完成的心理满足感。

③ 交互性 交互性指重视交往空间的营造及配套设施的设置。具体规划设计应创造便于交往的围合空间、休息空间等，尽可能满足不同使用者对空间环境的要求和喜好。

④ 细节性 细节性指无障碍设施与构造设计除了对空间尺度的宏观把握外，还必须对无障碍设施以及一些通用要素如出入口、道路、坡道、家具设施等细节构造进行细致入微的设计，以满足不同使用者的需求等。

目前，国际上无障碍设计理念已发展到通用设计层面。通用设计理论是在社会进步，提高对人权关注，以及世界范围内老龄化现象的社会背景下产生的，最早由美国提出。主要为解决残疾人，尤其是第二次世界大战、越南战争中伤残军人等群体的利益诉求等类似的问题，考虑为特殊人士做专门设计。设计师在实践中发现，一是当时的无障碍设计规范无法完全满足社会需求，二是一些专门的无障碍设计不仅价格昂贵、不美观，而且大多数情况下那些为残疾人专门做的设计健全的人也会利用。20 世纪 70 年代，美国建筑师迈克尔·贝德纳（Michael Bednar）提出"正是不当的环境设计才给人们带来了各种能力的约束，环境制约了人们能力的发挥；如果将环境障碍完全消除掉，那么所有人的能力都将会大大释放"。因此，他建议使用"通用设计"这一更为广泛的概念。

20 世纪 80 年代初，美国北卡罗来纳州大学教授罗纳德·麦斯（Ronald L. Mace）指出，"通用设计"的概念为"无须改良或特别设计就能为所有人使用的产品、环境及通信"；他的研究基础就是无障碍设计，因此通用设计概念是从无障碍设计发展而来的。从另一个角度讲，在所有进行的设计中加入特殊人士的需求，这样的产品就具有更大的吸引力和市场潜力。广义上说，通用设计是指设计者为适应大众需求而设计的产品，能够方便所有人使用。基于此，最初为普通人设计的产品经过改良或改装，使其使用系数增加，同样也适用于包括残疾人的其他群体。之后，罗纳德教授在北卡罗来纳州大学成立了通用设计研究中心，1989年该中心提出通用设计的七项基本原则，即公平使用、灵活使用、简单直观、能感觉到的信息、容错设计、省力设计、适当的体积与使用空间，归纳其设计要点如表 1-1 所示。另外，日本建筑学会将通用设计归纳为包容性、便利性、自立性、选择性、经济性、舒适性六个主要特征。

表 1-1 通用设计的基本原则和设计要点

序号	基本原则		设计要点
1	公平使用	该设计对任何使用者都不会造成伤害或使其受窘	提供尽可能相同的使用方法,如有不同也要保持尽可能的平等; 无差别、无歧视,不应把某些使用者排除在外; 对所有使用者的隐私权、安全性均要周到地考虑; 所有使用者都能根据自身情况方便地使用
2	灵活使用	设计涵盖了广泛的个人喜好和能力	提供可供选择的使用方法,或配备不同操作模式供选择; 可适用左手或右手的使用者; 帮助使用者简洁方便地使用; 适应不同使用者的操作步骤

序号	基本原则		设计要点
3	简单直观	不论使用者的经验、知识、语言能力或当前的注意力如何,该设计的使用方法都很容易理解	减少不必要的复杂性; 与使用者预期或习惯的方法尽可能吻合; 能适合不同的文字语言能力; 使用方法等信息应根据其重要程度按一定顺序加以标识; 使用过程中及使用结束后应提供有效提示信息
4	能感觉到的信息	不论周围状况或使用者感官能力如何,这种设计有效地对使用者传达了必要的信息	使用不同方式(图案、声音、触觉等)来提供必要信息; 信息的提供途径应在任何环境中都能显著地识别; 说明条目应清晰,以便于使用者理解; 为具有不同障碍的人提供多种操作技巧或辅助工具
5	容错设计	设计应该可以将危险及因意外或不经意的动作所导致的不利后果降至最低	设计本身应降低危险与错误的产生; 发生错误或危险时会及时提出警告; 提供使用成功或失败的信息反馈; 对一些会产生危险的部件应有避免误触的设计
6	省力设计	设计应尽可能地让使用者有效、舒适及不费力地使用	能保持舒适的身体姿势; 使用适宜的操作力量; 降低重复的动作; 降低持续的生理耗能
7	适当的体积与使用空间	不论使用者体型、姿势或移动性如何,这种设计提供了适当的大小和空间供操作及使用	对坐姿或站姿的使用者,均提供明确的视觉指引; 对坐姿或站姿的使用者,都提供合适的操作高度; 适合不同手部尺寸; 提供足够空间以符合使用辅助器具者的需求
8	三项附则		可长久使用,具经济性; 品质优良且美观; 对人体及环境无害

20世纪90年代,欧、美、日等发达国家和地区基于对市场和消费者群体的不同需求,在建筑、环境及工业产品的通用设计上积极开展研究,对拓宽通用设计的理念和方法、丰富工业设计内涵起到积极作用。如产品设计中考虑"左撇子"、视力残疾等人士需求,同时这些产品也可以被普通消费群体使用。1997年日本在"优秀产品设计奖"中增加了通用设计奖项,并于1999年成立"通用设计论坛"。伴随通用设计思想在日本的推广,60%以上的民众都知道其概念,政府、企业团体有80%都参与通用设计,多数的民众也有购买通用设计产品的意愿。通用设计的本质理念不只是局限于不区别对待特殊人群,还包括通过设计消除人们由于不同受教育程度、不同种族、不同文化背景所带来的使用上障碍。有的国家如芬兰,把通用设计称为"为所有人设计",它基于使用者需求提供有效的知识,其产品易用、方便、实惠,有利于提高全体公民的生活质量;是为老年人或残疾人获得友好的无障碍环境、服务和产品的一种必要手段;通用设计还具有较好的经济效益,在早期阶段使用通用设计方案比建成后再采用改造解决方案更经济划算。

在加拿大的一些标准中,无障碍设计与通用设计两个概念是可以互换的。

1.1.2 国内公共建筑无障碍环境建设发展历程

我国相关规范根据不同使用功能将民用建筑分为公共建筑、居住建筑两大类型。公共建筑包含办公建筑(如写字楼、政府部门办公楼等)、商业建筑(如商场、金融建筑等)、旅游建筑(如酒店、娱乐场所等）、科教文卫建筑（如文化、教育、科研、医疗、卫生、体育建筑等）、通信建筑（如邮电、通信、数据中心、广播用房）、交通运输类建筑（如机场、高铁站、火车站、地铁、汽车站等）以及其他建筑（如派出所、仓库、拘留所）等类型。其中，文化建筑是可以满足人们对文化活动需求的建筑，是方便人们学习、欣赏、吸收、传播文化的地方。文化建筑的范围包括文化馆、活动中心、图书馆、档案馆、纪念馆、纪念塔、纪念碑、宗教建筑、博物馆、展览馆、科技馆、艺术馆、美术馆、会展中心、剧场、音乐厅、电影院、会堂、演艺中心等。

我国公共建筑无障碍设计研究始于 20 世纪 80～90 年代，最早的规范是 1988 年颁布的国家标准《方便残疾人使用的城市道路和建筑物设计规范》（JGJ 50—1988），其中有关于文化馆、博物馆等文化类建筑在内的公共建筑无障碍设计的规定，包括建筑出入口、坡道、走道、门、楼梯和台阶、电梯、扶手、地面等部位，主要是保障残疾人使用这些设施的便利性和安全性；2001 年修订为《城市道路和建筑物无障碍设计规范》（JGJ 50—2001），并编有配套图集。2004 年 11 月我国颁布了《全国无障碍设施建设示范城（区）标准》；同时国内很多省市也颁布了有关无障碍环境建设法规，包括辽宁省、河北省、湖北省、广东省、内蒙古自治区 5 个省，北京、天津、上海 3 个直辖市，大连、南京、苏州等 14 个城市和深圳特区。2012 年国家又颁布了最新的《无障碍设计规范》（GB 50763—2012），该规范涉及无障碍环境建设的内容较全面，定量化程度较高，属于国家明确的工程设计的强制性标准。我国现有对具体类型的公共建筑所制定的无障碍设计规范包括《民用机场旅客航站区无障碍设施设备配置标准》和《铁路旅客车站无障碍设计规范》。以上国家标准和地方标准中涉及有比较详细的无障碍设计内容要求的场所主要包括：城市道路、广场、桥隧、居住区、公共停车场等外部环境和城市公共厕所、养老建筑等。

近年来，国内有部分建筑学者开展了建筑无障碍设计理论方面的研究与实践：2003 年我国出版了《普遍适用性设计》（戈德·史密斯）一书，使"通用设计（Universal Design）"产生了较广泛的影响。由于英文单词"universal"的多义性，因此"Universal Design"译名也很多，在我国大陆地区翻译为"通用设计"居多，而在我国台湾则大多翻译为"全民设计"。21 世纪伊始，特别是近几年，我国建筑及环境设计、工业产品设计等领域不断涌现出对通用设计理论及其方法研究的思潮，但主体上建筑界还是以"无障碍设计"来泛指包括对老年人、残疾人等群体需求考虑的建筑设施及其环境设计。

也有部分设计师结合实际的工程项目进行了文化类公共建筑无障碍设计实践和理论总结：施徐华在《无障碍设计——浙江自然博物馆深化设计的思考》一文中将通用设计理论的设计原则和具体博物馆设计实践结合，阐释了浙江自然博物馆新馆的室内空间展示设计针对特殊群体的特殊性，综合考虑了满足视听障碍者、下肢残疾者、儿童、老年人和外国人的参观需求而进行的无障碍设计策略。沈晓林在《无障碍设计在博物馆展示设计中的应用》一文中，分析了当前我国博物馆无障碍设计现状，提出在博物馆展示设计中应注意空间上无障碍，包括由于人群性别或年龄的差异性而造成使用障碍和设计不合理所造成的障碍；通过可听的展览、可触摸的展览实现信息无障碍；通过普通人的实际体验增强对特殊人群心理无障碍的建设等。

1.1.3 国内外无障碍环境建设水平差异形成原因

(1) 价值观差异

西方国家价值观的形成至少可以追溯到文艺复兴运动，其指导思想是人文主义，即以崇尚个人为中心，宣扬个人主义至上，竭力发展自己、表现自我。西方残疾人、老年人等群体不希望别人把自己从社会群体中分离出来，被特殊看待或照顾，这就要求社会环境及建筑环境能满足他们独自活动的需要。另外，英、美国家子女18岁一般就会在经济、生活等方面完全独立。同样，年龄大的父母即使失去生活自理能力一般也不会拖累子女，他们往往会住进养老院，由社会赡养。基于此，欧美国家在国家法规、福利政策等层面体现了为所有人服务的理念。

中国的文化和传统遵从尊老爱幼的思想，表现在为残疾人、老年人、儿童等特殊人群提供专项服务上，忽视了建筑环境本身对特殊群体独立参与社会活动时造成的障碍。也就是说，我国建筑设计行业缺乏对"人的行为能力的不齐全或者有可能丧失"这一客观存在的了解与重视，设计及建成的空间环境基本是以正常、健康的成年人需求为依据，缺少对多样化需求调节性的满足。规划管理部门、设计单位、工程技术人员以及业主对无障碍环境建设的认识还不到位。比如有人认为无障碍设施可有可无；也有人认为无障碍环境建设十分昂贵，会占用很多空间和面积，耗费大量资金，只是为了少数残疾人和老年人，增大设计和施工造价不值得。这些观念导致了某些丧失或部分丧失行动能力的人被排除在共享社会资源的"大门"之外。

实际上无障碍环境建设的支出只占工程造价很小的一部分，据美国住宅和都市开发部调查统计，一般新建工程的无障碍基本设施的资金只占总投资的1%左右，其中许多设施是不需要另增加空间的，例如考虑房间门的必要宽度、开启方向，厨房等各种设备的工作面适宜高度，取消地面的门槛，厕所加装扶手等。反之，若未在设计初期阶段加以考虑，项目建成后再进行无障碍改造的确会耗资不少，届时设计者及投资者都会后悔莫及。虽然改善无障碍环境需要花费一定的资金，却可以相应降低社会服务费，从长远和社会整体的角度来看，无障碍环境建设具有较高的经济效益。

（2）社会环境差异

同样遵从尊老爱幼、护残思想，日本在无障碍环境建设方面比较领先，究其原因，主要有两点：一是第二次世界大战后日本在政治、经济等方面依附于美国，在城市环境和建筑设计等方面很早就开始学习美国的理念和技术。而我国在20世纪80年代改革开放以后才步入思想解放的思潮，现代建筑设计起步较晚。二是进入人口老龄化社会时间点的差异，日本是在20世纪70年代以后迅速进入老龄化社会，我国是在1999年进入老龄化社会，比日本晚了近30年，这也使我国对无障碍设计观念的认识和技术运用等方面要比日本相对滞后。

（3）专业教育差异

现阶段，我国无障碍设计教育方面相对比较薄弱，相关研究起步迟，研究机构少。国内高校中，除了少数高校如同济大学在建筑学本科专业教学中开设了无障碍设计相关的专业课程，大多高校关于无障碍设计实践及相关规范的学习一般是在设计课程实践中有所涉及，其深度和普及性都不够。另外，我国首个针对无障碍设施研发、建设的专业研究机构——无障碍建设工程联合研究中心，于2011年5月才在同济大学成立。相比之下，欧、美、日等国家和地区建筑学专业在无障碍设施的科研领域已处于领先水平。如丹麦各大学的很多专业中，都设置了和无障碍相关的课程，并举办以无障碍设计为主题的设计大赛，促进学生进一步主动学习和其相关的各种知识；美国纽约州立大学早在20世纪70年代就开展无障碍研究工作，有专门的实验室和教研组；日本70%的高等院校开设了无障碍设计课程。

1.2 国内公共建筑无障碍环境建设存在的问题

由于我国无障碍设计起步较晚,目前我国公共建筑无障碍环境建设主要存在以下几个方面的问题与局限。

1.2.1 在规划设计之初没有综合考虑所有使用群体的不同需求

我国无障碍环境建设往往割裂了老年人、残疾人等特殊群体需求与普通使用者需求的共性,造成无障碍设施使用率低,部分无障碍设施的细节考虑也不周到,没有有效地发挥其最大效益,甚至常在建成后由于对某些人群形成障碍性或不方便的环境后,再通过后期改造、重建,造成资源浪费和不良影响。

1.2.2 现有标准与设施不能涵盖公共建筑室内外无障碍环境要求

首先,我国很多城市的无障碍环境没有形成完整连续、有效使用的系统,无障碍设施主要集中在地铁、车站等交通类建筑以及有无障碍需求的养老性建筑、残联单位建筑、大型公共图书馆一类的建筑。其次,我国无障碍标准体系还不健全,对交通类公共建筑、居住类型建筑的无障碍设施研究关注比较多,也制定了详细的标准,相比较文化馆、博物馆、社区活动中心等老年人、残疾人潜在使用需求较高的文化类公共建筑场所,缺少具体、独立的无障碍设计技术标准,如现行国家标准《公共信息导向系统设置原则与要求》(GB/T 15566)等系列规范涵盖了民用机场、铁路旅客车站、公共交通车站、购物场所、医疗场所、运动场所、宾馆和饭店、公园景点和街区等公共场所的公共信息导向系统设计的通用原则和要求,而文化类建筑的公共信息导向设计却无统一标准,缺乏规范依据。另外,现行《无障碍设计规范》(GB 50763—2012)和旧标准相比内容有较大更新,比较全面,但其内容主要以满足轮椅使用者无障碍移动的建筑构件设计要求为主,关于文化类公共建筑满足观看、视听等方面的无障碍设计标准缺失,造成文化类建筑无障碍设计的教学与实践无国家标准可依据参考,导致我国标准规范与建设实践产生了一定的脱节。

1.2.3 针对文化类公共建筑无障碍需求研究偏少

与老年人建筑和交通类建筑相比,我国目前对文化类公共建筑在室内空间、设施设计中如何满足老年人和残疾人观看、视听、操作等活动无障碍需求的研究较少。建筑学、艺术学设计专业对公共建筑的研究主要集中在功能演变、环境因素、照明采光、展示空间形态与展示设计等方面,而现有的一些无障碍设计又相对集中在交通无障碍方面,对于展示、视听、服务设施无障碍的研究不多,建筑、室内和展示三者无障碍设计研究缺少衔接和统一。

就文化展示类建筑的观众对象而言,相关研究集中在观众人数指标、观众行为特征等方面,研究形式为观众调查,主要是基于年龄、性别、职业、收入和教育程度不同的方式对观众类型分类,较少考虑因不同身体机能而存在不同环境障碍的人群在展示场所行为、心理需求的区别。缺少综合分析老年人、肢体残疾人、视听残疾人、儿童、带小孩的观众等不同群体在文化类建筑中可能遇到的行走、观看、聆听、操作、交流等方面的环境障碍时解决问题的通用设计方法的研究。

1.2.4 有照搬欧美发达国家的研究成果的现象

国内现阶段很多关于无障碍环境和无障碍设施的设计研究是以欧、美、日等发达国家和地区的成果为基础，其参考的人体尺寸以及无障碍设施尺寸也存在直接引用西方国家标准的状况，这和我国无障碍环境的实际需求是有差别的。比如，适合不同人种的座位高度以男性平均值为例，美国白人是444mm，美国黑人是457mm，日本人是400mm，中国人是413mm。如果以美国成年男性座位高度标准设计椅子坐面的高度，则会使中国人、日本人坐得不舒服。另外，我国的文化、传统、行为习惯等方面和西方国家存在一定的差异性，因此，我国无障碍环境建设不能完全照搬西方国家的研究成果。

1.2.5 缺少无障碍环境建成的监控评价机制

目前我国缺少无障碍环境建成的监控评价机制，如落实无障碍设计的实施、建成环境的评价反馈、后期的维护和管理等。比如，有些公共建筑依据相关规范进行了无障碍设计，但建成后的室内环境和建筑无障碍设计脱节，或者室内各个无障碍设施是孤立的，没有形成连续、完整的无障碍流线，导致残疾人使用无障碍设施不便。国家一系列的无障碍标准对设计作出了要求，但缺乏对完成建筑或场所无障碍环境实施情况的法规监控，特别是在一些中小型公共建筑，反映出相关的设计规范要求落实在具体的无障碍环境建设时失去了效力。比如供轮椅使用者使用的升降平台因管理不到位成了摆设，无障碍设施周围摆有影响其使用的障碍物等。相比而言，欧、美、日等国家和地区的公共建筑无障碍建设不仅有明确成熟的技术标准支持，而且有稳定的立法、司法和执法体系保障。目前国内相关规范主要是2011年实施的《无障碍设施施工验收及维护规范》（GB 50642—2011）。因此，建立完善的无障碍环境司法保障体系，真正落实建成环境的通用性是城市管理部门需要思考的重要方向。

1.3 文化类公共建筑无障碍设计范畴

1.3.1 使用者的需求

文化类公共建筑作为城市的重要公共文化场所，作为城市文化资源和公共形象的重要组成部分，其无障碍环境建设的重要性和必要性不言而喻，应当重视每一位使用者的需求，文化类公共建筑无障碍设计的目标就是通过合理、必要的措施，满足各类使用者的需求。很明显，此类公共建筑使用者包括健康成年人、老年人、残疾人，也包括孕妇、儿童、携带重物者等其他的社会群体，他们可能会存在行走、观看、操作或交流等方面的障碍，设计师应首先从环境障碍方面分析使用者需求的共性与差异性，基于适合我国公共建筑无障碍环境活动空间尺度和设施尺寸要求进行无障碍设计。

1.3.2 使用者的区域

文化类公共建筑按照功能分区，一般可划分为公众活动区、公共服务区、库房（藏品）区、业务科研区等部分。以博物馆为例，国外有些研究则从管理、建筑及安全标准等角度出发，建议功能区域划分为公众非藏品区、公众藏品区、非公众藏品区、非公众非藏品区、室外区域。我国《博物馆建筑设计规范》（JGJ 66—2015）中将博物馆建筑划分为公众区、工作区、有藏品区、无藏品区等区域。结合国内相关规范与设计资料集的规定，综合考虑室内空间的功能布局、不同交通流线的组织关系，文化类公共建筑使用者的区域主要包括公共活动区和公共服务区，文化类建筑对普通观众开放的区域，包括室外与室内两个区域。

1.3.3 使用者的流线

文化类公共建筑的无障碍环境建设的重点在于无障碍设施的建设，并应强调人们在室内外环境中活动路线无障碍的完整性，保证其通行、观看、操作、休息、交流互动等活动能顺利完成。无障碍流线应包括室外和室内两部分，室外包括公交站台、地铁站台或停车场等交通枢纽，建筑出入口的通道，室外公共设施和标识系统；室内包括建筑出入口（门厅）、室内通道（包括水平交通、垂直交通）、服务台、洗手间、饮水区域、轮椅席位、室内标识系统等，如表 1-2 所示。

表 1-2　文化类公共建筑无障碍流线范围

无障碍流线范围			备注
室外无障碍环境		室外无障碍通道包括从公交站台、地铁站台或停车场等交通枢纽到建筑出入口的水平和垂直通道、无障碍停车位、室外公共设施、标识系统等	无障碍环境应从城市交通及活动空间到建筑物（包括住宅和公共建筑物）的出入口与室内通道、无障碍设施等，形成一个连续、完整的无障碍流线
室内无障碍环境	活动路线	建筑出入口、楼梯、坡道、安全扶手、电梯、升降平台、走廊、走道（包括阅览室、教室、展厅或陈列室、视听室、报告厅等功能空间的走道）、应急安全疏散的通道等	
	展示观演	展示设施、视听设施、轮椅席位等	
	服务设施	服务台、饮水区域、休息座椅、厕所等	
	标识系统	照明标识、无障碍标识等	

需要强调的是，活动流线的无障碍不是狭义的无障碍设计，而是基于消除环境中的障碍，尽可能面向所有人或更多使用人群更安全、更舒适、更方便的无障碍环境。

1.4 文化类公共建筑无障碍设计的实践意义

1.4.1 拓展了无障碍设计的研究领域

随着大众日益增长的文化艺术汲取需求，包括老年人和残疾人在内的特殊群体对文化类公共建筑的使用频率也逐步提升，此类建筑的建设活动也进入高速发展期，设计方向体现在复合型功能的拓展和文化设施的多功能开发。而国内针对文化类公共建筑的无障碍设计要求，还缺乏细则性的、独立的技术指导和标准依据。因此，研究探索文化类公共建筑中有关老年人、残疾人等群体行走、观看和操作等活动的无障碍设计是对公共建筑无障碍设计研究的充实、拓展，有利于丰富文化类公共建筑设计的研究领域。基于文化类建筑在建筑功能类型和使用对象方面的代表性和适用性，其无障碍设计实践对其他公共建筑无障碍设计具有先导性和示范性。

1.4.2 有助于无障碍设计理论与规范的完善

基于中国人与西方国家的人的身体特征及公共设施的使用习惯存在差异性的事实，在借鉴西方国家既有的无障碍设计领域相关的先进理念及设计方法基础上，应通过文化类公共建筑无障碍设计的研究与实践，提出文化类公共建筑无障碍设计原则，构建文化类公共建筑活动路线、展示观演、公共服务和标识系统四个方面的指标，确定符合中国人身体特征和使用习惯的文化类公共建筑无障碍环境所需要的合理空间尺度和设施设计尺寸，补充完善符合中国人身体特征和使用习惯的无障碍设计理论与规范。

1.4.3 有利于地区公共服务环境和公众服务能力的提升

文化类公共建筑因其处于城市中心或风景名胜或历史遗存或社区中心等优势的地理区位，决定了其使用对象具有广博性和普遍性。加之其富有文化扩散、历史传承和技术前瞻的特殊属性，常常成为该区域的地标性建筑，也构成地方物质文化和精神文化传播的重要载体。基于此，文化类公共建筑的环境和功能在地区社会经济发展中具有极其重要的作用，其规划设计往往需要多方权衡与综合考虑，建立有效的设计评价体系有利于保障建成后环境品质不低于预期。另外，文化类公共建筑作为最能体现"人性化设计"的公共建筑类型之一，其室内环境的改善和服务质量的提升关键在于合理的公共信息导向系统设计，完善无障碍设施的连续性。因此，文化类公共建筑室内外环境的无障碍设计不仅是对建筑本身空间环境的品质提升和服务质量的优化，而且是对地区公共服务环境优化和公众服务能力提升的基本保证。

本章小结

目前我国已进入老龄化社会，残疾人、老年人与健康的年轻人相比，其活动需求更具有多样性，如何在建筑环境中满足他们的需求是建筑师的职业要求和社会责任。公共建筑特别是像博物馆、美术馆、文化馆等为大众服务而存在的公益性文化类社会机构，应充分体现对每一位使用者的尊重与关怀，而这种关怀能够有效地提升使用者的积极性和能动性，从而发挥其应有的展示、研究、文化和教育的功能。目前我国在公共建筑区域无障碍、延续完整的无障碍流线，以及公共建筑的视力辅助设施与听力辅助系统等硬件方面内容和无障碍服务的软件方面内容的要求还不全面。特别是在人流量大、服务面广的文化类公共建筑方面没有具体、独立的无障碍设计细则，文化类建筑室内外无障碍环境的建设缺少有针对性的、细节性的技术指导。

第 2 章
无障碍设计要素

2.1 无障碍设计基本概念

2.1.1 无障碍设施

《铁路旅客车站设计规范》（TB 10100—2018）中将"无障碍设施"定义为"方便残疾人、老年人等行动不便或有视力障碍者使用的安全设施"。我国《无障碍设计规范》（GB 50763—2012）对无障碍设施的设计要求包括：缘石坡道、盲道、无障碍出入口、轮椅坡道、无障碍通道、门、无障碍楼梯、台阶、无障碍电梯、升降平台、扶手、公共厕所、无障碍厕所、公共浴室、无障碍客房、无障碍住房及宿舍、轮椅席位、无障碍机动车停车位、低位服务设施、无障碍标识系统、信息无障碍等。也就是说建筑部件及其公共设施、设备都是包含在无障碍设施范围内的。

2.1.2 无障碍环境

我国《无障碍环境建设条例》（2012 年）中指出："无障碍环境建设，是指为便于残疾人等社会成员自主安全地通行道路、出入相关建筑物、搭乘公共交通工具、交流信息、获得社区服务所进行的建设活动"。

可以看出，"无障碍环境"概念包含范围更广，它涵盖了无障碍设施（空间）、无障碍信息交流和无障碍服务等方面。

2.1.3 无障碍流线

"流线"一词源于流体运动学研究，它描述了流动的一种方法，即"任一时刻流体的速度在空间上是连续分布的，如果 t 时刻空间一条曲线在该曲线上任何一点 A 上的切线和 A 点处流体质点的速度方向相同，则称这条曲线为时刻 t 的流线"。在建筑设计研究领域，流线也称为"动线"，是指使用者在建筑中的活动路线。流线设计主要起到分割功能空间并将使用者的交通路线组织起来的作用，特别是在大型公共建筑设计中，由于建筑功能空间分类复杂且空间尺度较大，合理的交通流线组织就显得非常重要。

目前，国内对"无障碍流线"易产生混淆的概念有"无障碍通道""无障碍游览路线"

等。"无障碍通道"是指"在坡度、宽度、高度、地面材质、扶手形式等方面方便行动障碍者通行的通道";"无障碍游览路线"是指"为了方便行动不便的游客而设计的游览路线"。两者强调的都是方便通行的路径。无障碍流线是基于以无障碍环境为目标,通过无障碍流线串联起相关的无障碍设施、无障碍服务等,按照以人为本的设计原则,让使用者尤其是行动不便者能在建筑环境中独立进出、通行、观展、休息和操作设备无障碍。

本教材中"无障碍流线"狭义上可以理解为行动不便者在文化类公共建筑中的活动路线,广义上更强调无障碍流线的连续性和完整性,即无障碍通行的路线应和无障碍设施、无障碍信息和无障碍服务形成一个整体的无障碍环境,满足人们在行、看、听等方面的活动需求。如果脱离对展示设计、公共服务和标识系统等方面无障碍设计的研究,则无法判断无障碍流线是否通畅、连续和完整。

需要强调的是,无障碍环境不是狭义的无障碍设计,而是基于消除环境中的障碍,实际上是尽可能有利于所有人或更多群体更安全、更舒适、更方便的活动环境。

2.2　具有不同环境障碍特征的使用者类型

美国著名认知心理学家、计算机工程师、工业设计家唐纳德·A·诺曼在其著名的研究著作《设计心理学》中指出:"要想设计出以人为中心、方便适用的产品,设计人员一开始就要把各种因素考虑进去。设计的目的大多是要让产品为人所用,因此,使用者的需求应当贯穿在整个设计过程中"。文化类公共建筑的无障碍环境是为其使用者服务的,因此研究使用者类型及不同类型使用者的行为特点,心理、生理需求是设计前提。

以博物馆建筑为例,英国在 1985 年对博物馆利用和遗产进行了大规模的全国性调查,根据调研数据,按照参观博物馆的频率将博物馆观众分为非博物馆观众、稀有观众、偶尔观众、正常观众、经常观众五类。"非博物馆观众"指从未参观过博物馆的人,占被调查人总量的 18%;"稀有观众"指最近一次参观博物馆的时间在五年或更长时间以前,占被调查人总量的 14%;"偶尔观众"指最近一次参观博物馆时间在一至四年以前,占被调查人总量的 14%;"经常观众"指每年参观博物馆在三次或三次以上,占被调查人总量的 17%;"正常观众"指每年参观博物馆在一至两次,占被调查人总量的 37%。美国观众研究协会创始人卢米斯(Loomis)提出从观众投入层面、参观过程层面和参观结果层面建立观众研究模型,包括分析观众观展的动机、观展时间周期、观展的方式(如个人参观、结伴参观或团体参观)等。有国内学者根据观众来馆的动机、目的、表现出的投入度将其分为浏览型观众和学者型观众:前者主要无特殊参观目的,其行为是在展品之间游移,有时会在展品前稍作停留,大部分时间是浏览而过;后者包括有特定参观目标和深入参观型的观众,主体行为常常是直接到某些特定展品前,仔细观看、阅读。还有台湾学者将观众分为五类,包括儿童观众团体、成人团体、单身观众、情侣观众和家庭观众,从而分析各类群体的行为活动特点。

我国根据无障碍环境需要,把人群分为四个系列:身体机能差异、基础环境差异、文化环境差异和行为习惯差异。身体机能差异主要是健全人士和残疾人士,儿童、成年人和老年人之间的差异。使用者可能遇到的行走、观看、操作、休息、交流等方面的障碍主要是基于身体机能的差异性,因此,以环境障碍特征区分文化类建筑的使用者类型,主要包括健康成年人、老年人、残疾人、儿童和外国人。

2.2.1　健康成年人

目前，我国文化类公共建筑的使用者主体还是健康成年人，这类人群在公共环境中能灵活自如地按自己的意愿行动。公共建筑及其室内环境的设计也主要是依据他们的人体尺寸、行为习惯和心理需求进行设计。在多数情况下，他们对周围的环境不会产生行动、观看或操作等方面的困难。当然，无障碍设计也应该考虑健康人群个体差异的特殊性。如因个体主观经验、知识水平和适应能力差异而造成在陌生环境中不同反应的人；由于种族、文化背景、受教育程度等差异而对信息的准确获取具有一定困难的人；带婴幼儿的成年人等，这些群体其实也是具有一定程度环境障碍的。

2.2.2　老年人

老年是人生命历程的一个阶段，不同国家、不同文化区域对"老年人"的定义略有差别。世界卫生组织（WHO）对老年人的定义为60周岁以上的人群，西方一些发达国家将65岁以上人群定为老年人。我国老年人权益保障法规定，"老年人是指60周岁以上的公民"。中国的人口基数大，加上过去国家为了控制人口而采取的计划生育政策，使得出生率迅速下降，加快了我国进入人口老龄化社会的进程。根据国家统计局最新数据，2020年，中国大陆总人口（包括31个省、自治区、直辖市和中国人民解放军现役军人，不包括香港、澳门特别行政区和台湾地区以及海外华侨人数）为141178万人，其中60周岁及以上人口为26402万人，占总人口的18.7%，65周岁及以上人口为19064万人，占总人口的13.5%。具有大量空闲时间的老年人是各类型文化类建筑使用者的重要组成群体，老年人因年龄变化造成感官衰退、行动缓慢、对环境反应能力降低、视听能力衰退等，使其有着和残疾人类似的障碍，但是又不完全相同。他们的使用需求应得到公共建筑无障碍设计的高度重视。

2.2.3　残疾人

联合国于2006年12月31日通过的《残疾人权利国际公约》中称："残疾人包括肢体、精神、智力或感官有长期损伤的人，这些损伤与各种障碍相互作用，可能阻碍残疾人在与他人平等的基础上充分和切实地参与社会。"根据2010年第六次全国人口普查我国总人口数，我国各类残疾人总人数为8502万人，占全国总人口的比例为6.22%。

由于残疾人感官障碍不一样，他们的需求也是有差异的。我国现行法律认定的残疾人有视力残疾、听力残疾、言语残疾、智力残疾、精神残疾、肢体残疾和多重残疾七类，各类残疾人的人数如图2-1所示。

视力残疾和肢体残疾人士主要的环境障碍是通行及操作使用设施方面；听力残疾、言语残疾人士主要的环境障碍是交流沟通方面；智力残疾、精神残疾人士主要的环境障碍是信息理解方面。针对不同类型的残疾人，文化类建筑无障碍流线设计应是解决其行、看、听、操作使用、休息交流等方面的需求，设计重点是通用设施或专项无障碍设施以及无障碍服务。如修建无障碍通道、盲道；设立专供盲人使用的展室、视听室、专用电梯、专用厕所等，展示和标识的信息表达明确、易懂，以及为聋哑残疾观众提供手语服务等。

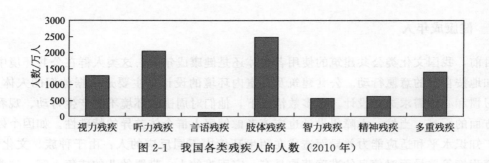

图 2-1 我国各类残疾人的人数 (2010 年)

2.2.4 儿童

联合国《儿童权利公约》规定 18 岁以下为儿童。我国现代汉语词典解释儿童为"较幼小的未成年人（年纪比'少年'小）"，少年指"人十岁左右到十五六岁的阶段"；医学界以 0～14 岁的儿童为儿科的研究对象。本教材中"儿童"是指年龄段为 0～12 岁人群，他们正处于学龄前和小学阶段。文化类建筑内教育活动区主要服务对象之一就是儿童，满足儿童的需求，是文化类建筑服务的宗旨之一。

儿童在参加文化活动时一般都喜欢参与使用交互式的展示设施，肢体动作比较丰富，一般不去了解展示说明或图表。如果多人一起，则同伴间相互交流频繁，活动时间较长。儿童一般主要面临两方面的环境障碍：一是设施高度问题，如标准展柜的展示面高度、视屏显示器悬挂高度高于儿童观看舒适的视线范围，造成其观展不便，标准洗手台台面高度不符合儿童使用要求等；二是信息障碍，如对展示信息和标识的理解力不足等。这些可利用通用设计的方式解决。另外，儿童天性活泼好动，如果没有适当指导很难使他们安静有序地进行参观。因此，增加一些训练有素的志愿者引导，可提高儿童的观展品质。

比如在博物馆建筑中，根据柏林博物馆调查中心的调查结果显示，学校组织和家长带领的儿童观众皆有教育、社交、日常生活三种需求，而且这三种需求互相影响。博物馆如果希望儿童获得正面的参观体验，三种需求应同时考虑，如表 2-1 所示。

表 2-1　消除儿童环境障碍的设计策略

儿童需求	消除儿童环境障碍的设计策略
展示教育需求	1.展示和视听设施形式、高度方便儿童参观，丰富观展体验； 2.教育空间应用主题元素，提供制作空间，提供触摸实践，考虑家长陪同的空间和设施布置
社交心理需求	1.适合儿童的活动空间尺度，适合儿童使用的设施形式和尺寸，色彩搭配符合儿童心理需求；
日常生活需求	2.整体环境安全、适用

2.2.5 外国人

外国人主要是有语言交流和文化理解方面的障碍，比其他人群更难对室内功能空间位置、交通导向等迅速做出准确判断，所以针对外国人的无障碍设计可通过多种语言标注标识、使用通用图形符号、多国语言讲解、提高服务质量等方法实现。

2.3 基于不同心理需求的使用者行为特征

在室内环境中，尽管不同人群的心理与行为有个体之间的差异，但从总体上分析仍然具有共性，即有相同或类似的方式作出反应的特点。符合使用者行为习惯是文化类公共建筑无障碍设计的基础（图2-2）。

根据环境心理学研究成果以及对博物馆、美术馆等文化类建筑的使用者调研分析，使用者主要的心理与行为特征表现有：疲劳感、走近路与左边通行、从众心理、保持领域性、聚集效应、触摸吸引力等。

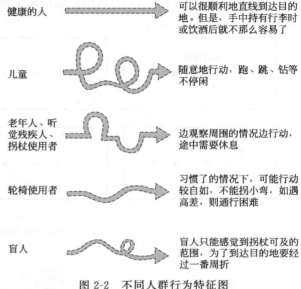

图2-2 不同人群行为特征图

（图中文字）

健康的人 —— 可以很顺利地直线到达目的地。但是，手中持有行李时或饮酒后就不那么容易了

儿童 —— 随意地行动，跑、跳、钻等不停闲

老年人、听觉残疾人、拐杖使用者 —— 边观察周围的情况边行动，途中需要休息

轮椅使用者 —— 习惯了的情况下，可能行动较自如，不能拐小弯，如遇高差，则通行困难

盲人 —— 盲人只能感觉到拐杖可及的范围，为了到达目的地要经过一番周折

2.3.1 疲劳感

所谓"疲劳感"主要指人们在参观学习过程中随着精力消耗逐渐出现的注意力涣散、灵敏度降低、认识活动机能衰退，从而产生疲劳感的现象，如弗朗斯·斯考滕所描述的"脑袋像塞满棉絮一般昏沉，腿仿佛铅锤一般沉重，脚踝又酸又疼"。梅尔顿氏于1933年在美国进行的调查发现了一个非常普遍并广为人知的"博物馆疲劳"现象。"博物馆疲劳"是参观展示类建筑的观众都可能出现的感受，是妨碍人们继续参观的重要原因，且降低了参观学习效果。研究还表明，观众花了较长时间并集中注意力欣赏几件作品以后，他们心理上就会对展示环境产生认知饱和，再看吸引力弱的展品也就没什么兴趣了。比如在1984年某美术馆举行的全国城市雕塑展览会，展品布置密度极高且缺少必要的衬托背景，观众很难找到合适的观赏角度欣赏个别的雕塑，前后设置及相互并列设置的展品也造成很强的观赏干扰，观众交流效率很低，没有多久，就产生了疲惫感，从而对展品失去了兴趣。一般来说，对观众最有吸引力的是具有中等复杂性的展示环境。

因此，无障碍展示环境应注重展品陈列的质而非量，采取适宜的设计措施，尽可能防止观众参观时身心疲惫。如采用非连续性的展示方式，即把不同种类的展品根据参观路线以合适的密度作分段陈列，增加有效陈列注意力，保持观众的新鲜感；设计参观路线时，为观众提供观赏活动的自主性及空间方位的简明性，充分留有供观众进行休憩、交流的空间，缓解其疲劳。无障碍环境还应提供丰富的展示方式，如纸质文字和图片、实物、模型、多媒体影像、视频和音频等，这样既可以避免展示形式的单一化和展示效果的沉闷性，还可以使一些存在认知障碍或功能障碍的观众同普通人一样欣赏展品。

2.3.2 走近路与左边通行

多数情况下，展陈空间的交通布局一般会形成循环式路线。观众在典型的矩形穿越式展陈空间中的行为模式与其在步行街中的活动十分相似，一般是走进室内会立刻停留在最前面的几幅展品周围，然后逐渐减少停顿次数直到他们完成各自的参观行动。图 2-3 记录了某展厅 2h 内成年人、老年人、幼儿在展厅内的活动情况。根据运动的经济性法则，当人们清楚地知道目的地的位置或是有目标的移动时，人总有选择最短路程的倾向，也就是"抄近路"，只有少数人会完成全部的参观行动。图 2-4 记录了江苏省美术馆部分观众的参观路线，其中就有一些观众只观看了三层展厅中的第一、二两层，就结束了观展活动。

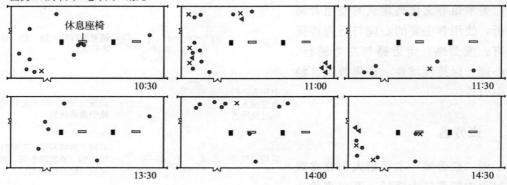

图 2-3　某展厅观众活动记录图

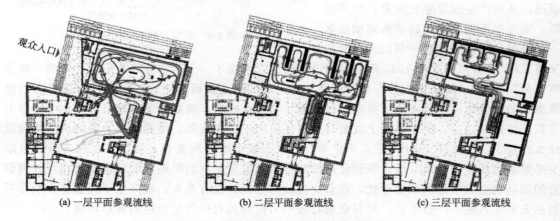

(a) 一层平面参观流线　　　　(b) 二层平面参观流线　　　　(c) 三层平面参观流线

图 2-4　江苏省美术馆部分观众参观路线图

耶鲁大学所做的实验表明，进入展室的观众 70% 是转向右边的，他们常绕过左墙上陈列的展品。笔者通过对江宁织造博物馆、江苏省美术馆等观众活动路线进行跟踪记录表明，多数观众进入展厅后按照顺时针方向进行参观（图 2-5）。历史类博物馆等由于文字的组织秩序的原因，其布展往往与观众的行为习惯相反。

　　另外，有专家研究指出，在步行系统中，当人群的密度超过 0.3 人/m² 时，人群会不自觉地向左通行或是左转弯，这是由于右手的使用频率比左手高导致右侧的防卫感强的缘故。了解观众走近路和通行方向的习惯，对在文化类建筑室内环境中合理、有效地规划无障碍通道及无障碍设施的位置有很强的指导意义。如引导人流按一定秩序观展，避免逆行交叉，可通过利用铺地变化、地面或墙面的指示牌、各类专门设计的导向标识等路线导向说明参观路线方向，为人们提供清晰的指引。

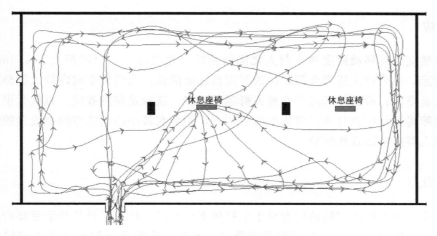

图 2-5 江苏省美术馆一层展厅部分观众参观路线图

2.3.3 从众心理

从众心理是一种源自动物界"领头羊效应"的追随本能，这种"随大流"的心理对室内消防、安全和疏散设计会产生很大影响。在发生突发事件，特别是生命受到威胁的时候，人们往往由于过分紧张、惊恐而失去应有的判断力，此时，只要有人召唤或跑动，就会跟随。另外，专家观察了一些在公共场所内发生的意外事故，从中发现，在紧急情况下，当火警或烟雾开始弥漫时，人们往往会无心注视标识及文字的内容，甚至对此缺乏信赖，而是凭直觉盲目地跟随人群中领头的几个急速跑动者的去向，而不去思考该方向是否是安全疏散口。在这种紧急情况下，语音提示引导会优于文字引导。

从众心理现象提示：设计师在营造无障碍的公共场所环境时，应注意空间、照明的导向性，突出安全疏散的路线，室内标识特别是引导标识和安全疏散标识应位置醒目、清晰明确。从发生紧急情况时人的心理与行为来看，文化类建筑应配置必要的语音信息、音响提示、动态文字信息板等信息化设施。

2.3.4 保持领域性

当人流量不大时，一般观众在观展过程中会有保持自己独立空间的需要，即表现出和其他陌生人保持距离的行为；而在一些吸引人的展品及参与度高的互动设施周围则会缩短人际距离。人际接触实际上根据不同的接触对象和在不同的场合时，在距离上各有差异。人类学家爱德华·T·霍尔以动物的环境和行为的研究经验为基础，提出了人际交往距离的概念，定义了不同交往形式的习惯距离。亲密距离 0~0.45m，是一种表达强烈感情的距离，在这个范围内人们的感官发挥作用，会产生亲密的感情交流；个人距离 0.45~1.30m，是亲近朋友或家庭成员之间交谈、接触的距离；社交距离 1.30~3.75m，是朋友、熟人、邻居、同事等之间日常交谈的距离；公共距离大于 3.75m，是用于单向交流的集会、演讲，或是人们旁观而无意参与的距离。这些数据为分析展示空间中观众的行为距离，合理确定交通及观展空间尺度提供了依据。

2.3.5 聚集效应

有专家通过建立人群移动速度和人与人之间间距的模型总结出：当间距大于 1.6m 时，人员可以自由行走，否则行走速度会随距离的缩短而逐渐降低。当室内空间内的人群分布不均时，会出现人员滞留；滞留时间过长会使人群越积越多，这就是聚集效应。也就是说，文化类建筑室内无障碍设计应充分考虑聚集效应的特点，避免在较小的展陈空间中设置的陈列过于集中而造成人群拥挤的意外事故。

2.3.6 触摸吸引力

心理学家麦克汉博士指出"触摸行为对于电视机下成长的一代人来说是非常重要的体验行为，他们从孩提时代就已接受了电视图像的熏陶，现在觉得需要从深度上面来理解事物了"。在展厅、陈列室等展陈空间中，常常出现一些观众（特别是青少年）触摸展品的行为，有些展品具有较高的收藏价值，尽管周边矗立着"请勿动手"的标牌，但还是不能完全有效地阻止触摸行为的发生。同时，如果一件展品被观众触摸过一段时间后，它上面的痕迹就会显示出鼓励其他观众继续触摸的倾向。

对于观众的触摸行为，首先，在展品性质允许的情况下，可以设置一些可触摸展品，不仅满足了青少年的好奇心理，也使视力残疾的观众参观体验更加丰富。其次，对于"不可触摸"的展品可采取高差、隔离栏板、醒目的警示标牌等设计方式，从心理上造成不可逾越的暗示。需要强调的是保护展品时，应注意隔离方式与周边环境的和谐关系。如英国泰特现代美术馆（Tate Modern）内用绳索隔离受保护的展品，既不显突兀，也起到暗示界限的作用（图 2-6）。

图 2-6　英国泰特现代美术馆用绳索隔离受保护的展品

2.4　基于不同观看需求的视角分析

文化类建筑的无障碍设计要满足人们的生理、心理需求和行为习惯特征，包括人群活动过程中静止和行走时观看的舒适度和识别度。人的相对移动速度、视野、眼睛与空间界面的距离都决定了所能感知到的信息的程度，无障碍设计的一个重要内容就是展柜和展品的布置应兼顾儿童及轮椅使用者的视觉尺度。

头部和眼睛在规定的条件下，人眼可觉察到的水平面与垂直面内所有的空间范围称为视野，包括直接视野、眼动视野、观察视野。直接视野是指当头部和双眼静止不动时，人眼可觉察到的水平面与垂直面内所有的空间范围；眼动视野是指头部保持在固定的位置，眼睛为了注视目标而移动时，能依次觉察到的水平面与垂直面内所有的空间范围；观察视野是指身体保持在固定的位置，头部与眼睛转动注视目标时，能依次觉察到水平面与垂直面内所有的空间范围。针对人在博物馆的活动特点，展品设施布置、环境标识设计主要是根据人的观察视野来确定。有专家研究后发现，人在自然行走时的步行速度大约是 5km/h。人的视知觉在步行中是面向前方的，双眼水平、垂直观察视区约为 110°和 115°。也有专家提出两眼同时看物体时形成的双眼视区在 120°以内，最佳水平观察范围为 40°左右；最佳垂直视区范围是在标准水平视线以上 25°和以下 30°的范围内，如图 2-7 所示。

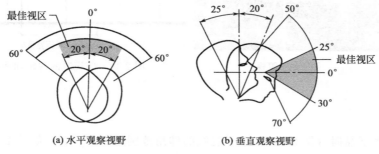

图 2-7　人的双眼最佳水平、垂直观察视野

根据展品的布置方式，观众的视角可以分为平视、俯视和仰视三类。

2.4.1　平视

当观众在平视展品时，视线范围在 30°以内，其观看视距与展品大小、展品高度和视觉尺度有关。除了站立着平视，特殊情况下，也有观众是在弯腰、下蹲、被抱起等情况下平视展品（图 2-8）。

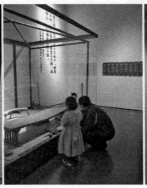

图 2-8　不同姿势的平视

坐轮椅的观众和儿童的视高较低，在看同一展品时其舒适度的视距和一般观众之间存在差异性，当然影响因素还包括展品尺寸、展品布置形式、展示面高度、个体机能的差异性等。

2.4.2 俯视

当观众在俯视展品时，视线目标一般是独立鸟瞰式橱柜或低位摆放的展台、模型等（图2-9）。此时影响观众观看质量的因素包括视距、视高、展品高度或展示面高度及视角等（图2-10）。同样，当展品位置不变时，坐轮椅的观众和儿童的视高会降低。

图 2-9　俯视

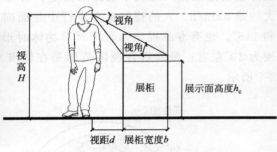

图 2-10　俯视时的视距和展品的关系

2.4.3 仰视

当观众仰视展品时（图2-11），水平视线的仰角范围是30°~61°，如图2-12的视角 b 所示。此时影响观众观看质量的因素包括视高、视距、展品高度及其悬挂高度等。无障碍设计应避免让观众长时间仰视而造成身体和视觉的疲劳。

图 2-11　仰视

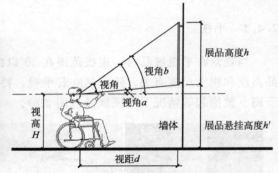

图 2-12　仰视时的视距和展品的关系

2.5　基于展陈空间尺度的参观流线分析

文化类建筑的展陈空间是其核心功能空间，建筑室内交通空间尺度与观展空间尺度是否满足观众无障碍通行、无障碍观展需要，展陈方式以及参观流线的组织方式是否恰当，是文化类公共建筑中提高全体使用者观展质量的无障碍设计关键指标。

2.5.1 展陈空间的布局方式

《建筑设计资料集》（1994年）归纳了博物馆陈列区有串联式、放射式、放射串联式、走道式、大厅式五种布局方式；展览馆展厅有线型、聚合型、并列型、叠层等形式。尽管提法上有所不同，基本上可以根据参观流线将文化类建筑展陈空间类型归纳为串联式、放射式和大厅式三类。

2.5.2 展陈空间的参观路线

根据文化类建筑展陈空间的布局方式，观众在展示陈列区的参观路线可分为自由线型和导向线型两类。

(1) 自由线型

自由线型指参观路线没有很强的引导性，观众有相当大的自由度，选择倾向呈现平均性，如北京首都博物馆、上海博物馆、上海动漫博物馆、上海中华艺术宫等。自由线型的参观路线设计灵活性大，可选择性也很强，既可适用于有连续性要求的展出，也适用于分段展示，但布展的流线容易交叉和重复。

(2) 导向线型

导向线型指参观路线呈有组织的结构，具有很强的引导性。如北京电影博物馆、中央美院美术馆、上海世博会沙特馆等，都是利用主体空间内一个贯通所有主要展厅的坡道将参观路线联系起来。以上海世博会沙特馆为例，其主体空间内是围绕一个沿圆形中厅环形布局的室内螺旋坡道设展（图 2-13），坡道中间柱子和镂空金属网将进出人流分隔于不同的交通空间内（上行坡道净宽约 2.7m，下行坡道净宽约 2.0m），而整体视觉上又保持了联系，观众的参观路线清晰且连贯，其层次丰富的空间形式加强了参观者的场所体验。导向线型式的路线设计缺点是方向单一，空间布局灵活性差，展示方式有一定局限性，主要适用于有连续性特征的展品及中小型主题的文化类建筑。

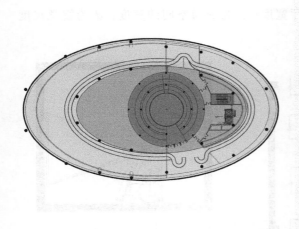

(a) 平面图　　　　　　　　　　　　　　(b) 坡道图

图 2-13　上海世博会沙特馆

2.5.3 展陈空间的尺度

根据建筑规模和展陈布局的不同，展厅、陈列室内观众的路线可分为单线式、双线式和复线式三种形式。

(1) 单线式

单线式路线设计案例如上海中华艺术宫某陈列室，一幅画像折叠屏风一样布置在陈列室前厅，画幅平面与墙面呈 45°。走进陈列室看到的是红底白色线描画效果；进入后间陈列室，看到的是原画营造效果；出来时则看到的是白底黑色线描画的效果。前后陈列室地面高差以坡道连接（图 2-14）。同一幅画三种完全不同的表现效果巧妙地和单线式的参观路线结合，给观众留下深刻的印象和心理满足。

图 2-14 上海中华艺术宫某展厅

单线式路线以 6m 宽开间的基本展厅为例，展厅内需要给观众留出一定的观看距离，还有观众行走的交通空间，使观众只能以单线方向进行参观。如果设置隔板增加展示内容就应适当增加展厅的开间尺寸（图 2-15）。

单线式路线的基本展厅宽度计算公式为：

$$L = a + d \tag{2-1}$$

式（2-1）中，L 为单线式路线的基本展厅宽度；a 为交通空间的宽度；d 为视觉尺度（图 2-16）。

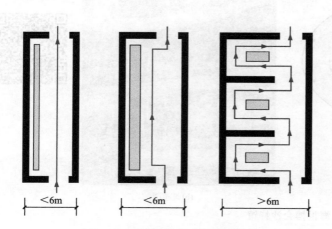

图 2-15 基本展厅的单线式路线

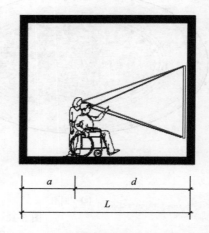

图 2-16 单线式路线基本展厅的开间尺寸

现有设计资料表明，视觉尺度 d 最小值为 1.5m，一般取 2.4～3.0m。综合考虑轮椅使用者的观展需求，d 取值放宽些是对的。因为轮椅使用者的视高降低了，如果要保持观看展品同样视角的舒适度，即水平视线向上的视角（仰角）保持不变，则观看距离也就是水平视距应相应增加，而水平视距和视高成正比。此时作为一般的展示设计，展厅开间尺寸 L 的范围在 4～9m。

当展厅的开间大于等于 9m 时，展品一般会双面布置，从而形成双线式路线（图 2-17），如上海中华艺术宫的儿童美术馆是尽端式展厅，优点是使观众能完整地看完展示内容，不会遗漏。

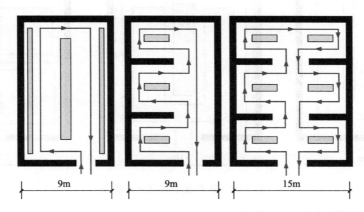

图 2-17　基本展厅的双线式路线

（2）双线式

双线式路线的基本展厅宽度计算公式为：

$$L = a + 2d \qquad (2\text{-}2)$$

式（2-2）中，L 为双线式路线的基本展厅宽度；a 为交通空间的宽度；d 为视觉尺度（图 2-18）。

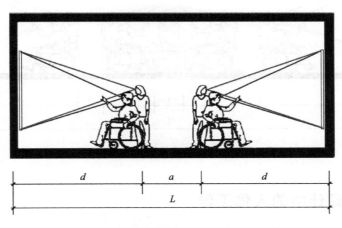

图 2-18　双线式路线基本展厅的开间尺寸

以 9m 宽开间的基本展厅为例，展示布置应以一侧为主，另一侧作为观众回流的通道，同时也可布置少量平面悬挂展品。如果适当增加宽度，两侧都可以布置展品；当达到 15m 左右时，展厅的两侧都应设置隔板，分隔空间布置展品。现有设计资料表明，此时作为一般展示设计，L 的范围在 9～18m。

(3) 复线式

当在开间大于 18m 的大厅式展厅内参观时，观众可自由选择参观路线，从而形成复合式路线（图 2-19）。

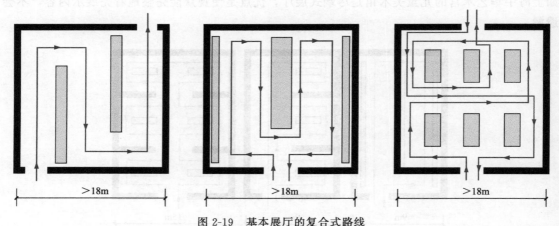

图 2-19 基本展厅的复合式路线

复合式路线展厅开间宽度计算公式为：

$$L = 2(d' + a + d'') + t \tag{2-3}$$

式（2-3）中，L 为复合式路线展厅开间宽度；a 为交通空间的宽度；d'、d'' 分别为观看不同展品时的视觉尺度。现有设计资料表明，此时 L 的范围在 18m 以上（图 2-20）。

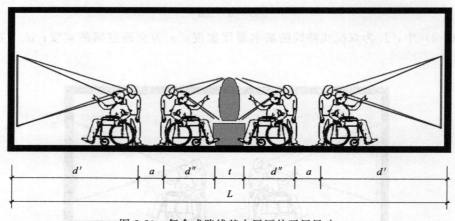

图 2-20 复合式路线基本展厅的开间尺寸

2.6 无障碍设计中的人体工学

2.6.1 人体工学基本概念

人体工学，也称人类工程学或工效学，是一门研究人与物、人与环境的科学，以实测、统计、分析为基本研究方法。

人体工学通过对人体结构特征和机能进行研究，提供人体各部分的尺寸、体重、体表面积、密度、重心以及人体各部分在活动时相互关系和可及范围等人体结构特征参数，提供人体各部分的发力范围、触及范围、动作速度、频率、重心变化以及动作时惯性等动态参数，分析人的视觉、听觉、触觉、嗅觉以及肢体感觉器官的机能特征，分析人在劳动时的生理变化、能量消耗、疲劳程度以及对各种劳动负荷的适应能力，从而掌握人们在行为活动中影响心理状态的因素，以及心理因素对工作效率的影响等。如研究发现，人的动作力与受力面大小的关系：过小的拉手，使人手受力过大，产生痛觉感。人的食指受力约 16kg、中指约 21kg、小指约 10kg，据此设计合理的拉手尺寸则更具实用性。

从建筑设计的角度来说，人体工学主要以人为主体，运用人体测量、生理、心理计测等手段和方法，研究人体结构功能、心理、力学等方面与空间环境之间的合理协调关系，以适合人的身心活动要求，取得最佳的使用效能。符合人体工学是设计师在进行产品、家具等设计时所遵循的基本准则，其本质是使产品或家具在使用时最大程度契合人体自然形态、人体尺寸和使用习惯等需要，从而为使用者带来好的体验。合理运用人体工学理论可以帮助设计师在建筑设计中为确定空间范围，确定家具、设施的形状、尺度及其使用范围，确定感觉器官的适应能力提供依据，并提供适应人体舒适度的室内物理环境的最佳参数。

人体工学研究与无障碍设计两者的最终目标都是让建筑环境更加安全、健康、高效和舒适，所以应将人体工学理论相关知识和成果作为无障碍设计研究的基础，从而使无障碍设计更加科学、合理。

(1) 人体尺寸和人体测量

人体尺寸是人类测量学研究的主要内容之一。1870 年比利时数学家奎特莱特（Quitlet）发表了《人体测量学》一书，创建了"人类测量学（Anthropometry）"这一学科。该学科主要研究人体外形与尺寸，形成了通过个体获得的数据测量技术和将个体信息转换为概括性数据，从而捕捉到群体特征的统计学方法。

"人体尺寸"也有称为"人体尺度"，在建筑术语中的解释是指"建筑物整体或局部构件与人或人熟悉的物体之间的比例关系，及这种关系给人的感受"。而尺寸指高低、长短、大小等，表示的是一个静态的、相对固定的数据。依据国内现有相关规范以及中国标准化研究院的表述，统一称之为"人体尺寸"和"人体测量"。

人体尺寸包括人体构造尺寸和人体功能尺寸两类，人体构造尺寸是指静态的人体尺寸，是人处于固定的标准状态下进行测量，主要为人体使用各种家具、设备的合理设计提供数据；而人体功能尺寸是指动态的人体尺寸，是人在进行某种功能活动时肢体所能达到的空间范围。

(2) 百分位（数）和人体尺寸

由于人体尺寸有很大的变化，它不是某一确定的数值，而是分布于一定的范围内。但是人体尺寸应用于建筑空间或设施设计参考时，只能用一个确定的数值，且该数值并不是一般理解的平均值，而是采取百分位的方法。百分位是表示具有某一人体尺寸和小于该尺寸的人占统计对象总人数的百分比。

美国专家对人体测量数据分析表明，测量对象人体尺寸数据符合统计学上的正态分布规律，即大部分属于中间值，只有一小部分属于过大和过小的值，它们分布在范围的两端。如第 5 百分位和第 95 百分位。当以身高与拥有这样身高的人数代入正态分布函数变量 x 与 y

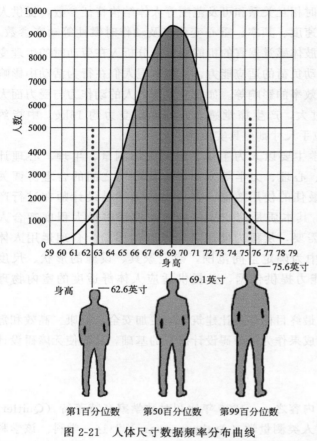

图 2-21　人体尺寸数据频率分布曲线

绘制曲线时，绘出的图形是一个对称的钟形曲线（图 2-21）。在钟形曲线的左半部分是低于平均身高的人，占人群总数的 50％；在曲线右侧是高于平均身高的人，也占人群总数的 50％，钟形曲线的中心顶点是第 50 百分位。第 50 百分位表示等于或小于此数值的测量对象占统计总数的 50％，第 50 百分位的数值可以说接近平均值，但不一定和平均值一致。我国现行标准《在产品设计中应用人体尺寸百分位数的通则》中对"百分位数"的定义是："百分位数是一种位置指标，一个界值，以符号 P_k 表示，一个百分位数将群体或样本的全部观测值分为两部分，有 K％的观测值等于和小于它，有（$100 - K$）％的观测值大于它，人体尺寸用百分位数表示时，称人体尺寸百分位数"。

在设计上满足所有人的要求是不可能的，如果选择范围过大可能过于昂贵就会难以实施，但包容的设计应满足大多数人的需求。从百分位数据中选取能够满足大多数人的尺寸数据作为设计依据，一般都是取满足度 90％（第 10 和第 90百分位）、95％（第 5 和第 95 百分位）或 99％（第 1 和第 99 百分位）。比如美国军队制定军事标准选择的百分位是排除掉大小两端 5％，从而覆盖超过 90％的受测对象。

（3）视觉尺度、视距和视角

"视觉尺度"是指以人的视觉距离为标准来衡量环境的尺寸，是人在平视时眼睛所看到的范围和所包含的空间场所，这种视觉尺度可能是静态的也可能是动态的。如博物馆观众的视觉尺度是指在目标展品不变的情况下，观众为了舒适地欣赏展品的整体效果或仔细看清细节内容（如文字、线条、笔触、肌理等），自然地距目标展品一个相对恒定的位置，此时观众眼睛和展品间的水平距离为视距，眼睛到目标展品各个边界距离形成的夹角为视角，如图2-22 所示。

2.6.2　人体尺寸标准

在我国，明清之际，随着经济的繁荣，家具制造业已非常发达，明式家具的靠背曲线和现代设计师根据人体结构提出的座椅和沙发靠背曲线就十分接近。由此可知，我国古代劳动人民在当时的经济文化发展条件下，已对人体工学的知识有了一定的认识和了解。但是，在我国将人体工学作为一门专门的学科来研究，是从 20 世纪 80 年代开始的。1980 年 4 月国

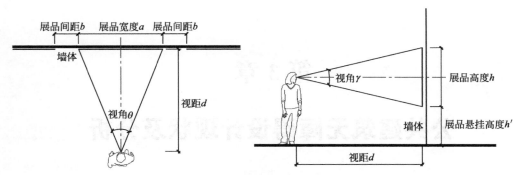

图 2-22 视距和视角

家标准总局成立了全国人类工效学标准化技术委员会，统一规划、研究和审议全国有关人体工学基础标准的制定；1988 年建立了中国人类工效学学会。

从无障碍环境设计角度来说，人体工学理论的价值主要在于通过对人体尺寸、动作特征及触及范围等方面的研究，使建筑空间及设施等设计要素适应绝大多数使用者，包括有环境障碍特征使用者活动的需要，进而达到有效提升建筑环境质量的目标。

目前，指导我国建筑及其室内外环境设计的人体尺寸数据基本上是依据 1988 年的《中国成年人人体尺寸》（GB/T 10000—1988）。该标准根据我国的人口结构、人口分布和地区特点，对人体测量内容、适用范围、测量方法作了较为详尽的说明。同时，将我国人体尺寸划分为六个区域，即东北和华北区、西北区、东南区、华中区、华南区、西南区，提供了 47 项人体尺寸的基础数据。并且，按男女性别分开，分为三个年龄段：18～25 岁（男、女），26～35 岁（男、女），36～60 岁（男）和 36～55 岁（女）。该标准数据来源是 1986 年我国第一次进行的成年人体工学基础参数的调查，与我国现阶段人体尺寸的实际情况相比是有差距的，难以真实地反映现今中国人的体型。发达国家一般是 5～10 年就补充修订一次人体工学基础数据，因此，我国急需建立人体工学基础数据的定期完善机制，使其在实际应用中更具时效性和实践指导价值。

另外，我国现存的很多介绍无障碍设施和产品设计的著作资料中，有的人体尺寸数据直接引用了国外的相关标准，而人体差异性可能造成其尺寸数据并不完全适合中国人。

本章小结

文化类公共建筑的无障碍设计要素主要是指在建筑及其室内外环境中，为保障老年人、残疾人、儿童和其他使用者的通行安全和使用便利而配套设计的建筑构件、服务设施及使用流线等。因此，在文化类公共建筑无障碍设计过程中需要从使用者生理、心理需求及行为习惯出发，结合人体工学、空间尺度、不同视角等因素，综合考虑使用者、设施、展品之间的关系，尽可能设计出有利于所有使用者的更安全、更舒适、更方便的无障碍环境。

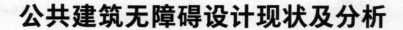

≡ 第 3 章 ≡

公共建筑无障碍设计现状及分析

3.1 公共建筑现状特点及无障碍设计流程

3.1.1 文化类公共建筑现状特点

（1）文化类建筑功能及其拓展——充分体现对所有使用者的包容和公平性

21世纪以来，随着科学技术的迅猛发展，社会文化价值观的改变，以及社会民主化意识的增强，我国的文化类公共建筑在自觉适应社会需要的进程中也在不断发展，以实现自身的价值。

① 现代文化类公共建筑具有更大的包容性。现代文化类公共建筑具有更大的包容性体现在文化类建筑的类型和主题的多样化，且公共性能提高，进一步提高了对不同使用人群需求的满足等方面。一方面公共建筑空间可达性更高，即不同的公共建筑，在一定空间、时间等限度内，公众可以自由、轻易地到达公共建筑营造的公共空间中；另一方面很多文化类公共建筑通过其公共空间内部延续或加入城市功能和丰富的公共设施，使其能够吸引市民到达，并且可以促使市民自然地在公共空间中发生丰富的社会活动。

② 强调设计应"以人为本"，"人"与"物"要以同等地位密切联系的特点。"人"是指公共建筑的使用者，包括工作人员、研究人员和外来使用人员等；"物"是指学习、展示资料，如实物、模型、复制品、影音资料以及图书文献等。"人"与"物"的联系，突出建筑应发挥其社会职能，强调公共建筑是为社会服务的。比如香港的一些图书馆配备可将盲文转成中文汉字的电脑，方便盲人查阅资料；一些综合博物馆或文化馆都设有多媒体互动展示、游戏、网上游览或虚拟参观等内容，丰富人们的娱乐及学习体验，强调展品与公众的"交流与互动"，摆脱了以往单一展示的形象（图3-1）。现代文化类公共建筑已进入了注重人的情感参与，以体验为主体，以使用者为核心的发展时期。

③ 文化设施的多功能开发趋势。当前，国内文化类建筑功能的复合程度逐渐提高，很多公共建筑从过去单一的功能为主，发展为包括展示交流、阅览学习、用餐休息、观赏演出等附属设施的综合型公共建筑（图3-2）。文化类建筑逐渐转变为与城市紧密联系的开放的公共设施，扩大了公共建筑的受众面，吸引了更多的人流量。

④ 强调公共建筑的"公益性"。我国文化类公共建筑的公益属性比较突出。自2008年1

图 3-1　多媒体互动设施

(a) 儿童绘画区　　　　　　　(b) 室内餐厅　　　　　　　(c) 影视区

图 3-2　博物馆文化设施的多功能开发

月起，我国各级文化文物部门归口管理的公共博物馆、纪念馆，全国爱国主义教育示范基地开始全部实行向社会免费开放，少部分收费的博物馆、古建筑及遗址类博物馆也制定了向青少年和特殊群体减免票款的政策。同时强调社会成员的平等参与，比如现在新建的建筑设计一般都考虑了无障碍设计和服务，以方便残疾人、老年人等群体的需要；强调建筑对社会问题的积极关注，展示内容与时代发展、社会热点密切结合，提高公众的社会责任感等。

⑤ 成为区域发展的重要载体。在延续社区文化、维系社区和谐的同时，文化类建筑成为当地人社交的场所，成为跨代人的联系纽带。如通过媒体宣传或举办特别的文化活动——音乐会、戏剧、舞蹈、艺术表演、放映电影等方式吸引公众，为多元文化的平等交流与对话提供平台，促进公众对社区或社会事务的共同理解与支持等。在我国，以博物馆、文化馆为代表的复合型的文化机构，应成为所在地区社会发展和进步的助力，并反映当前社会所关注的问题，使其成为为社会进步而采取行动的渠道，成为社区和大众文化体系的有机组成部分，把其高品质的服务延展到所有人群之中。

(2) 建筑环境存在问题——应提高环境品质，更好地发挥公共建筑社会效益

目前我国公益性文化场馆总体发展程度较低，具体表现在：

① 人均占有量较低。我国公共文化设施总体数量增加，但人均拥有量严重低于发达国家。

② 发展不均衡。贫困地区文化事业投入比重较低，市县级文化场所不达标，是我国文

化均衡发展的难点。

③ 利用率和参与度较低。部分公共文化设施、公共文化活动、文化惠民项目的利用率和参与度较低。

④ 公众满意度较低。市民对基层文化场所和文化馆服务的满意度较低。

尽管我国文化馆、博物馆等公共文化设施总数不断增加，但相对于发达国家而言，我国公共文化设施总体发展程度仍然较低。据某市社会科学院对该市 2309 名市民的公共文化服务体系参与度和满意度调查显示，尽管政府近年来对公共文化服务体系的建设投入了大量人力、财力、物力，但文化惠民项目的利用率和市民参与度均较低，设施、资金等资源的利用率和投入收效比亟待提高。针对博物馆、美术馆、科技馆、纪念馆和陈列馆的调查数据显示：24.4％的受访者一年中从未去过这 5 类场所，61.6％的人平均每年去 1～5 次。而市民对文化馆的年均光顾次数则更低，93.7％的人平均每年到馆次数在 5 次以下，其中，35.1％的人每年到馆次数为 1～5 次，58.6％的人没去过文化馆。针对公众满意度的调查结果显示，对基层文化场所和文化馆的服务表示满意和基本满意的市民，分别只有 34.2％和 40.8％。

笔者调研发现，我国公共建筑的残疾人使用群体不多，这类群体主要是由家人、朋友陪同或是团体组织活动，如以上海博物馆为例，观众每天流量达上千人，最多 8000 人/天，其中学生 200～300 人，外宾 100～600 人，而租借轮椅人数不超过 10 人，这与该博物馆的等级、规模和性质是不匹配的。原故宫博物院副院长段勇在《故宫观众调查的发现与认识——〈故宫博物院观众结构调查〉透视》一文中指出"故宫观众中，残疾人和行动不便的老年人所占比例偏低。故宫每天大约接待 30 名使用轮椅的残疾人和行动不便的老年人，此数字占故宫每天观众人数的比例，与残疾人和行动不便老年人占社会人口的比例相比，明显偏低"。这也说明了我国现有博物馆对残疾人和行动不便的老年人吸引力不够，在文化宣传和服务方面还存在着欠缺。

从建筑设计来看，公共空间主体环境主要考虑的是以健康人群为使用对象（不包括青少年、残疾人体验馆等服务对象特定的功能区），室内空间尺度、家具设施形式和尺寸、照明、休息及信息标识等设计主要以健康成年人的需求为依据，较少考虑残疾人、老年人、儿童、推婴儿车等使用者的需求。如缺少低位服务设施，无障碍卫生间仅是设有扶手，缺少低位洗手台和紧急呼叫按钮；大部分桌椅、展柜及多媒体互动设施的高度无法满足轮椅使用者、儿童等群体的使用需求；无障碍设施在交通流线上缺乏连续性和完整性，造成使用不便。我国很多博物馆、文化馆、图书馆主要考虑通过提供轮椅车、婴儿车和专业服务人员的服务等软质条件来满足特殊人群的需求，但没有从建筑环境的硬质条件解决上述人群在活动体验时会遇到的障碍和不方便。总的来看，我国的一些大型或新建的文化类建筑无障碍环境品质有所提高，但在细节上还不完善；而一些中小城市的文化类建筑，特别是一些老建筑需要进行无障碍设计改造。

另外，由于设备设施的配套、管理和维护等问题，部分文化类建筑公共设施使用效率低，有的甚至成了摆设，不能发挥其展示、交流、教育等功能（图 3-3、图 3-4）。比如有的博物馆内设置了游戏互动设施，但由于操作台面过高、使用的复杂性等导致其不能使用或使用不便，反而失去其设置的意义，造成资源浪费。另外，部分建筑设计存在空间利用不合理，过分追求社会功利、经济效益而实施无意义的装饰，造成资源浪费等问题。

<table>
<tr><td>图 3-3　杭州西溪湿地博物馆
未开放的影视厅</td><td>图 3-4　上海中华艺术宫的儿童美术馆内
的部分设施很少被人使用</td></tr>
</table>

综上所述，文化类建筑无障碍环境设计需要完善优化，尤其要从设施的细节入手，使得设备和产品设计相配套，并需尽快实现标准化和系列化，同时加强维护管理，提高建筑功能的包容性，吸引更多的社会群体使用，从而最大程度发挥展示、交流、文化教育及经济效益等方面的作用。

3.1.2 公共建筑无障碍设计流程

公共建筑无障碍流线设计和常规设计流程存在一定区别，它不仅仅以优化功能、维护修饰美化空间界面设施为目的，本质上是从无障碍设计和通用设计角度出发，考虑全体社会成员需求，满足使用者在通行、观看、聆听、休息交流、操作使用等方面的活动功能。也就是说，在公共环境建设中，既不能局限于健康成年人的需求，也不能只进行以老年人、残疾人优先，排斥其他使用者的专项设计，而是应从形成完整的无障碍流线的通用设计角度出发，扩大受益人群，从而真正实现优质、无障碍的整体环境，提供给使用者舒适的体验（图 3-5）。

无障碍环境的理想提倡为所有人服务，但要实现全方位、满足所有人需要的绝对无障碍环境是不可能的，其意义是相对的。如前文所述，研究文化类建筑无障碍环境时对使用人群基于环境障碍进行分类，解决措施也可以此为出发点，综合考虑健康人和存在环境障碍人群需求的共性与差异性。

（1）以存在环境障碍人群需求为基准，同时兼顾其他人群使用

这是塞尔温·戈德史密斯提出的"自上而下"的通用设计方法，它一开始的设计只考虑了残疾人的特殊需求，而后又进行修改以适应身体能力正常的人。这样的设计成果能被存在障碍的特殊群体所使用，也能够同时满足所有人群的使用需求。自上而下的设计方法是从

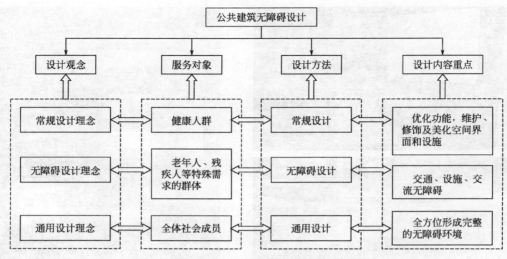

图 3-5　公共建筑无障碍设计流程

"无障碍化"开始的，即通过增加、拓展无障碍设施的功能来扩大适用人群的范围，从而达到通用的目的。自上而下的设计方法对于某些特殊领域的设计是很有必要的，体现了特殊性的需求。如将建筑出入口的台阶改为坡度较小的缓坡，不仅老年人、轮椅使用者、推婴儿车的人能使用，普通人也能使用。

不同的特殊群体在能力上有一定的区别，自上而下的设计方法不能满足每个特殊群体的特殊需求。一种设施要做到绝对的无障碍化在实际操作中是比较困难的，但无障碍环境又要求无障碍设施应为所有人带来方便，否则就无法体现通用的意义，这就要求这种设施能够调节，并且是简单易操作的，否则会带来新的障碍。

（2）以身体机能较佳人群需求为基准，并提供无障碍辅助设施

公共建筑设计首先要考虑占大多数人群的健康成年人，然后再考虑其他有特殊需要的人群。当某些设施不能满足所有使用者的需求时，通过扩大常规设施的适用范围，在合适的地方增加特殊的无障碍设施，以达到使潜在的使用者尽可能感到便利的目的。这就是塞尔温·戈德史密斯提出的"自下而上"的通用设计方法。

该方法从一开始的考虑对象就是普通人，只是在为普通人设计产品及环境的同时，更加仔细地考虑了特殊人群的使用，也就是将特殊人群的使用融入普通设计中，避免了将"特殊人群"隔离出来单独设计而造成他们在使用设施时的心理障碍，从而在心理层面体现了对特殊人群的关怀，体现了精神上的无障碍。

3.2　文化类公共建筑功能空间与常见问题分析

目前，我国文化类公共建筑功能和内涵正在不断地拓展，比如博物馆建筑在过去单一展示、保护研究功能的基础上更多地被赋予传承文化、分享交流、教育学习、休闲娱乐和促进旅游经济发展等社会责任。我国很多文化类公共建筑是为大众服务而存在的公益性社会机构，比如博物馆、图书馆、文化馆等，这类建筑应充分展现对每一位使用者的尊重与关怀，而这种关怀能够有效地提升公众参与社会活动的积极性，发挥公共建筑应有的展示、研究、文化和教育的功能。由于文化类公共建筑的使用群体是全体社会公民,因此其环境设计应充分考虑各类使用人群的特点和需求,体现平等、公正、包容的开放原则,并能反映所在地区建筑艺术、科学技术和文化发展所代表的先进水平。

3.2.1 功能空间分类

文化类建筑是城市公共设施的重要组成部分,是随着现代民众文化生活的需求衍生出的综合型建筑,按功能类别可分为展览展示建筑、综合文化艺术建筑、演艺建筑等。随着城市与建筑关系的发展,人们生活习惯和行为心理的变化,文化类建筑内部空间的组成愈加丰富。根据使用性质和功能组织的不同,可将室内空间主要归纳为五大功能区,即公众活动区、公共服务区、藏品库房区、技术研究区与办公管理区。具体如表3-1所示。

表3-1　文化类公共建筑功能分区表

序号	功能空间类型	包括的主要用房及空间
1	公众活动区	展示、视听、阅览、观演、游艺、教学等
2	公共服务区	售票处、存物处、纪念品出售处、食品小卖部、休息处、饮水处、厕所等
3	藏品库房区	① 库前区:拆箱间、鉴选室、登录编目室、暂存库、保管员工作室、包装材料库、保管设备库、周转库、消毒室; ② 库房区:按藏品工艺要求分间贮藏
4	技术研究区	① 清洁间、晾置间、干燥间、消毒室、熏蒸室; ② 书画装裱及修复室、油画修复室、实物修复室(陶瓷、金属、漆木等)、药品库、临时库; ③ 鉴定实验室、修复工艺实验室、仪器室、材料库、药品库、临时库; ④ 摄影用房:摄影室、编辑室、冲放室、配药室、器材库; ⑤ 研究室、展示设计室、图书馆、资料库、音像库、档案室、信息中心; ⑥ 美工室
5	办公管理区	① 管理办公室、接待室、会议室、物业管理等用房; ② 安全保卫用房、安防控制中心(报警值班室)、消防控制室、建筑设备监控室

(1) 公众活动区

公众活动区是文化类建筑空间的主体之一,不同建筑类型的公众活动区有不同的组成,大致可分为展示、视听、阅览、观演、游艺、教学以及其他活动等。

如博物馆是为收藏、研究、保护、展示而设立的服务型机构,展示陈列区的组成极其丰富,由常设展厅、临时展厅和室外展厅组成,满足展品陈列和服务观众的功能,是博物馆建筑的空间主体。会展建筑的主要空间以适应各种展览活动为主,除展厅单元外,室外展场也是其主要使用空间。科技馆面向观众开展技术普及与社会化科普教育,利用现代展览技术,动态展示基本科学原理和高科技,鼓励动手、参与和开放性,展览用房的组成除常设展厅外,通常还包括用于影像展示、培训、实验等科普用房。城市规划展览馆展示城市总体规划模型、分类规划建设等,展陈上强调互动、体验和参与。而文化馆是公益性的文化建筑,公众使用空间主要为群众活动展示用房,包括演艺活动用房、游艺娱乐用房、图书阅览用房、交谊用房和交流展示用房,以及与专业创作研究有关的房间,一般分为学习辅导用房和专业创作用房,如各类教室、学习室和工作室等,并结合门厅等公共空间灵活布置展览厅和宣传廊。现代图书馆的设计理念由过去的"以藏为主"转变为"以用为主",最大限度地服务于读者，"藏阅合一"的阅览空间模式被广泛采用，阅读、研习空间成为主体。除此之外，图书馆也设置一定的展陈空间，常结合公共活动区域进行分布，如布置在门厅接待与信息检索的空间，在读者活动范围内，通过新书展示、名言摘抄等形式，创造浓郁的文化氛围。演艺建筑是具有"观赏-表演"空间的公共建筑，既有室内表演厅，又有室外表演场所，公众观看演出的空间主要为观众厅（席）。演艺建筑中对展陈的空间要求不高，一般结合门厅、前厅或休息厅设置，简单布置与演出相关的道具、布景等内容。

随着人们需求的提高，展示陈列区的公共开放空间逐步增加了一些用于观众精神体验、休息的区域，如首都博物馆中的竹林庭院、水景庭院等，改建后的博物馆如中国国家博物馆、南京博物院等都在原有基础上加大了展览空间、游戏互动和学术交流区。

（2）公共服务区

在文化类建筑中，除展陈区之外的空间，包括售票处、存物处、纪念品出售处、前厅、过厅、食品小卖部、休息处、饮水处、厕所等，可称为公共服务空间，因建筑类型的区别，公共服务区的空间组成也有不同。博物馆的公共服务区包括教育区和服务设施，如影视厅、报告厅、活动室等承担公众教育功能，茶座、餐厅、工艺品商店等服务设施结合展陈流线进行空间配置。会展中心、科技馆、城市规划展览馆的服务空间可分为前厅、过厅、商务洽谈区、餐饮服务区和休息接待区等，常与主体空间结合在一起，共同保障会议和展览等建筑功能得以完整实现。文化馆的公共服务空间可分为群众活动用房和学习辅导用房，以及其他服务性空间，建筑面积的占比相对较大，组成也较复杂。而图书馆的公共服务区则包括门厅、报告厅、接待管理区、信息咨询区、休息交流区以及办理各种手续的服务台等空间，为读者提供多重服务。演艺建筑中的公共服务空间包括前厅、休息厅、餐饮商店等为观众使用的空间，需同时满足观众候场、休息、交谊、展览、疏散等要求。

公共服务区的面积构成变化比较大，以博物馆建筑为例，新中国成立初期建设的博物馆如中国历史博物馆、陕西历史博物馆及改建之前的南京博物院观众服务区的面积很小，比例分别是2.8%、3.9%、3.8%；而新建及后来改建的博物馆则都增大了观众服务区的面积，如上海自然博物馆观众服务区面积比较充分，比例达到26%，浙江自然博物馆、重庆自然博物馆、首都博物馆、中国电影博物馆、中国国家博物馆观众服务区面积比例分别达到25%、18%、12.6%、7.9%、4.2%。

（3）藏品库房区

文化类建筑中，库房是必不可少的重要建筑组成。博物馆建筑起源于实物的收藏，公元前3世纪埃及托勒密王朝在亚历山大城创建缪斯神庙，就有专门保管文物的场所，一直到19世纪博物馆更是偏向为收藏品的安全和保护为目的而建造的建筑，库房的重要性由此可见。自现代建筑设计开始，库房的组成也发生了变化。总的来说，博物馆藏品库房主要分为库前区、库房区和藏品技术区，以保障藏品的安全、优化管理，以及展区和业务用房方便联系等。图书馆设计理念的变化使得开架管理成为主要模式，常用书分散放在各开架阅览室内，使读者能在最短时间内自行取阅，库房部分仅保留少量基本书库，适当安排珍善本书库和特藏书库。文化馆的库房常与后勤管理等行政用房结合设置，且面积占比较小。演艺建筑的库房以配合演出所需，主要有布景库、灯具库、道具库、钢琴库、乐器室等。科技馆的展览内容和展览方式决定了它的库房在整个功能关系中只占很小的比例，一般安排临时库房就足够了。城市规划展览馆的展品以模型和图片为主，实物较少，对于库房来说要求较低。会展类建筑因其特定的功能关系，在空间组成上不需要安排专门的库房，代之以室外堆场即可。

（4）技术研究区

技术研究区是指供专业学者或研究人员使用的研究室、美工室、实验室以及为公众活动如展陈、演出等提供技术保障和支持的房间。博物馆的技术研究区可分为技术用房和业务科研用房，两者在功能上存在一定的区别，在空间关系上也存在差异。技术用房与馆藏品的清洁修复相关，在配置时应根据工艺、设备的要求进行设计。业务科研用房随着"互联网＋"背景下的科技发展、网络变革，业务范围飞速发展，技术含量日新月异，对建筑空间提出了新的要求，空间类型与空间形态不断推陈出新。科技馆的业务研究用房主要包括展品维修、制作和科研等功能房间。会展建筑的技术用房以服务展览为主，通常为展厅配备一定的设备用房以及技术管理用房，以保障会展建筑的正常运营。城市规划展览馆的技术用房以满足展品制作、修补等需求为主。图书馆的业务和设备用房根据图书馆的规模、性质、任务、类型和内部组织机构等多方面因素确定，包括采编、信息技术服务空间、培训和多功能演示空间。演艺建筑技术用房包括舞台区和后台区，是满足演出以及演出前准备、演出中使用和演出后整休等所需的各项空间，包括排练厅、琴房等准备用房，用于存放服装道具、候场补妆等的后台空间，以及各类舞台机械空间。

（5）办公管理区

各类文化建筑虽有性质和规模的不同，办公管理用房是其功能设定上不可缺少的部分，通常由行政管理用房、安全保卫用房、职工餐厅以及设备用房等组成，保障建筑的顺利运转。

3.2.2 存在问题与解决思路

目前，国内文化类公共建筑主要经过建筑设计、室内设计或展示设计等不同阶段完成。一方面这几部分设计环节缺少衔接，有可能使原本建筑设计中可以利用的积极因素如空间、造型、装饰符号、语言被室内设计消极地处理了，空间的质量失去了价值；另一方面有的建筑设计把展示主题重点表现在建筑上，展示设计把展示主题重点融入展示空间中，都忽视了对外开放的室内其他空间如交通空间和服务休息空间的功能品质。

现在的公共建筑更加重视使用者的休息和交流需要，服务空间比例增加。比如，我国早期博物馆一般都是在展示空间外围的休息厅内设休息区，基本展厅内很少设休息座椅（书画美术陈列室除外）。而中国香港的博物馆以及内地新建博物馆（如中国国家博物馆）则在综合型展厅内部设有休息、多媒体互动等设施（图3-6、图3-7）。许多早期建造的博物馆展示空间面积占有比例最多，交通空间和非开放空间次之，服务空间最少；而新建博物馆展示面积和过去相比有所降低，观众服务设施面积得到了增加，更多的空间用作服务、教育、多媒体演示及数字互动等方面，从而有效地发挥博物馆的综合功能和社会效益。

基于上述问题，解决思路如下。

① 建筑设计、室内设计和展示设计虽然存在于不同阶段，但其功能空间从确定面积到室内装饰、展示设施等应统筹考虑，有效衔接；室内装饰和展示设计应充分利用建筑设计中功能空间的特色，更好地表现展示效果。

图 3-6 中国香港某博物馆文物展厅内的休息座椅 　　图 3-7 中国国家博物馆走道上的休息座椅

　　② 应重视不同人群身体机能特征和情感表达等方面的需要，增加休息和服务设施、无障碍设施、多媒体互动设施等。
　　③ 根据不同人群使用需求或展品性质及人流量规模，增加开放性的、具有体验和交流功能的空间。

3.3 文化类公共建筑交通流线与常见问题分析

3.3.1 交通流线主体构成

交通流线主要由建筑出入口、室内交通和安全疏散三个部分组成。

（1）建筑出入口

建筑出入口是连接建筑内外空间的交接部位，包括台阶、坡道、雨棚、门廊、前厅、大门等一系列构件组合而成的复合式空间。文化类公共建筑出入口主要有以下五种形式。

　　① 平坡出入口，如杭州西溪湿地博物馆、西安大唐西市博物馆、英国泰特现代美术馆等（图 3-8）。

　　② 只有台阶的出入口，如苏州博物馆、南京博物院艺术馆（图 3-9）、南京地质博物馆（新馆）、贵州省博物馆等，遇到通行困难的观众时，通过工作人员或志愿者的服务弥补建筑无障碍设计硬件条件的缺陷。

图 3-8 英国泰特现代美术馆平坡出入口 　　　　图 3-9 南京博物院艺术馆台阶式出入口

③ 同时设有台阶和轮椅坡道的出入口，如同济大学校史馆（图 3-10）、南京江宁织造府博物馆等。

④ 当建筑主出入口位于第二层或地下一层时，无障碍出入口应设置在平层处并有无障碍电梯，如香港艺术馆（图 3-11）、香港科学馆主出入口在第二层，主出入口除了台阶外还设有自动扶梯；北京国家大剧院主要出入口是下沉式的，无障碍通道的出入口也是另外设置的。

图 3-10　同济大学校史馆出入口

图 3-11　中国香港艺术馆主出入口

⑤ 同时设有台阶和升降平台的出入口，如场地受到限制无法设置轮椅坡道的历史古建类博物馆（图 3-12）。这方面虽然我国新的无障碍设计规范（2012 年）已有相应的标准要求，但实际建设相对落后，如上海自然博物馆（老馆）作为历史保护性建筑其出入口的台阶（其他古建出入口的门槛等建筑构件）是使用轮椅的观众通行的主要障碍（图 3-13），应通过无障碍改造以体现新时代博物馆的包容性内涵。

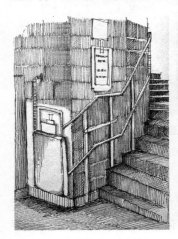

图 3-12　英国某古建类
博物馆出入口改造

图 3-13　上海自然博物馆出入口设有台阶

还有一种情况，有的建筑主出入口不符合无障碍设计要求，而是将无障碍出入口脱离主出入口单独设置，如上海城市规划馆主要售票入口处仅有台阶，坡道出入口设在后门。这里要注意的是，如果残疾人使用和普通观众不一样的出入口，特别是将无障碍通道设置在建筑偏僻处，可能会让他们感觉受到歧视。条件允许时，通用设计原则上应遵循所有的使用者都应该通过主出入口不受约束地进出建筑；轮椅使用者、推婴儿车的观众、盲人可以独立进出而不需要他人的帮助。

(2) 室内交通

公共建筑室内交通空间从形式上可划分为水平交通、垂直交通和交通枢纽三个部分。水平交通主要包括基本交通联系或各种功能综合使用的过道、过厅和通廊，如展厅内满足观众边走边看功能的过道。水平交通空间布局应与整体空间密切联系，直接、通畅，防止曲折多变，具备良好的采光与通风。室内水平交通无障碍通道的宽度与长度主要根据功能需求、人员性质、人流方向、防火规定及空间感受确定，如公共建筑中专供通行用的主要过道，净宽应不小于 1.5m。垂直交通包括楼梯、坡道、电梯、自动扶梯等。交通枢纽是指由于人流集散、方向转换、空间过渡以及与通道、楼梯等空间衔接需要而设置的门厅、过厅等空间形式，起到交通枢纽与空间过渡的作用。

(3) 安全疏散

文化类建筑人流活动具有有时集散均匀、有时比较集中的特点，各类人员安全疏散应根据建筑高度、规模、使用功能和耐火等级等因素合理设置安全疏散和避难设施。安全出口和疏散门的位置、数量、宽度及疏散楼梯间的形式，应满足人员安全疏散的要求，并符合《建筑设计防火规范》的相关要求。同时，应考虑采取一定的设计措施帮助存在环境障碍的人员在没有他人的协助下能独立逃脱，如设置触觉信息系统（如触摸式的平面图）、音响光频提示系统等（图 3-14）。另外，通过加强对工作人员在帮助残疾人紧急疏散方法方面的培训，也是一种有效的策略。

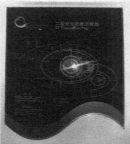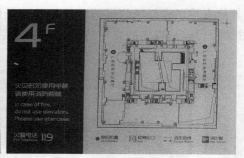

图 3-14　室内地面安全疏散标识和安全疏散示意图

3.3.2　存在问题与解决思路

笔者根据我国现行《无障碍设计规范》相关内容，对国内 36 个博物馆、美术馆、科技馆等公共建筑主要出入口的无障碍设计部分是否满足要求进行了调研，发现 1/4 建筑的主要出入口形式不符合无障碍出入口要求，造成轮椅使用者、推婴儿车的观众或残疾人出入困难。如有的出入口只有台阶，无轮椅坡道，有的缺雨棚。也有公共建筑出入口无障碍设计比较完整的，比如在入口处设有提示盲道，且盲道连续地铺到问讯台、楼梯起始位置等室内主要设施处（图 3-15）。

当然，出入口大门也是出入口无障碍设计的重要内容。笔者实际调研中发现大部分出入口大门都是呈对外（疏散方向）开启状态，其通行宽度也满足人流疏散要求，需要注意的是

图 3-15　中国香港太空馆从入口到室内设有连续的盲道

相关无障碍标识的完整性。如有的公共建筑入口设置了具有感应功能的自动门，但没有设置无障碍标识（图 3-16）。而爱尔兰都柏林的切斯特贝蒂图书馆（Chester Beatty Library）入口的自动门上则设有醒目的无障碍标识，对使用者起到信息提示和安全警告的作用（图 3-17）。

图 3-16　公共建筑入口的自动门缺少无障碍标识

图 3-17　切斯特贝蒂图书馆入口的自动门

　　室内交通是满足无障碍通行的重要环节。目前国内很多公共建筑在设置楼梯、电梯等垂直交通设施的同时，利用大型坡道组织交通流线，如杭州西溪湿地博物馆、上海世博会沙特馆、中央美院美术馆、广东省博物馆（新馆）等。有些
公共建筑在展厅内部高差处或台阶处设置了无障碍坡道或升降平台，如南京朝天宫博物馆。但是其细节设计有待提高，如坡道入口较窄，仅够轮椅通过，且接近拐弯处两边是通高的内墙，乘轮椅的观众自行参观时还存在一定的通行困难（图 3-18）。

　　部分公共建筑内楼梯踏步设计不满足人使用的舒适度，如广东省博物馆新馆一处室内楼梯踏步的踏面太宽，不符合人行走时步伐跨度的尺度，造成观众上下楼梯很不舒适（图 3-19）。另外，有些公共建筑在楼梯细节设计方面还有所欠缺，如踏面和踢面的区分和对比、双层扶手的设置等方面（图 3-20）。笔者调研发现，我国公共建筑室内走廊空间安装双层扶手的比例较低，电梯基本都是选用满足正常人使用需求的普通电梯，而没有设置残疾人专用的无障碍电梯；或者，有的电梯仅是设置了报楼层的音响，缺乏提示盲道、盲文选层按钮、镜子、扶手等其他无障碍设施，无法满足轮椅使用者或视觉障碍者单独乘坐电梯的需要。

图 3-18　南京朝天宫博物馆展厅内的坡道和升降平台

图 3-19　广东省博物馆新馆

基于上述问题，解决思路如下。

（1）对外主出入口应为无障碍出入口

目前部分公共建筑对外主出入口设计是使轮椅使用者、视觉障碍者等特殊需求的使用人群需要在他人（如陪同出行人员或工作人员）的帮助下才能进出，这种限制条件使建筑环境对上述类型人群造成自行活动的障碍。通用设计原则要求出入口应保障所有使用者都能独立地通过，不受约束地进出公共建筑的公共开放区域。另外，特殊人群不需要使用和健康人群不一样的出入口，尤其是当一些专门设立的，所谓"残疾人通道"的特殊出入口在设计尺度、造型美观等方面比大多数人用的主出入口品质低时，很容易造成歧视的误会。如果受到场地条件限制无法让所有人共同使用同样的出入口时，专门设立的出入口也应符合无障碍出入口要求，标识牌上不应使用"残疾人""残疾者"等易造成歧义的词汇，可用"无障碍通（坡）道"注释。

（2）增加主出入口的识别性

主出入口应具有较好的识别性，如通过鲜明的标识设计、一定的色彩反差、凹凸的空间形体等手段强调出入口的位置（图 3-21）。另外，建筑出入口的雨棚不仅可以让人们遮风避雨，同时也是增加出入口特色的设计构造之一（图 3-22）。

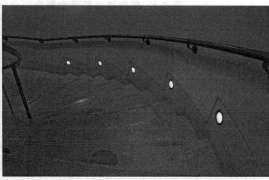

图 3-20　英国某博物馆楼梯的细节设计

图 3-21　中央美院美术馆出入口　　　　　图 3-22　苏州博物馆出入口

(3) 出入口无障碍设计改造

对于不符合无障碍出入口条件的建筑，出入口进行无障碍设计改造也是实现通用性的重要手段。主要改造策略包括以下几方面。

① 台阶改坡道或增加轮椅坡道。根据我国《无障碍设计规范》（GB 50763—2012）中轮椅坡道的坡度要求（表 3-2），当建筑出入口处台阶踏步少于三级（即出入口平台高度不超过 0.30m）时，最小坡度为 1∶8，可去掉这些台阶直接改成缓坡，坡长应大于 2.40m；当建筑出入口台阶踏步少于四级（即出入口平台高度不超过 0.60m）时，可将台阶改成坡道或增加坡道，最小坡度为 1∶10，坡长应大于 6.00m；当建筑出入口台阶踏步大于四级时，增加坡道就成为明显的特征，最小坡度为 1∶12。

表 3-2　轮椅坡道的最大高度和水平长度

坡度	1∶20	1∶16	1∶12	1∶10	1∶8
最大高度/m	1.20	0.90	0.75	0.60	0.30
水平长度/m	24.00	14.40	9.00	6.00	2.40

②　出入口受场地限制无法改造坡道时，可以增加外部升降平台。升降平台是一种把水平状态的平台通过机械升高或降低的一种设备，其优点是占地面积小，造价相对低廉。缺点是如果让普通人群使用的话，读懂其使用说明费时费力，如果操作不当可能会损坏设备，因此需要专业人员使用或指导操作。另外，该设施一次只能容纳一个轮椅上下，且要定期维护保养才能保证在需要时使用。

③　使用临时坡道。在历史性古建类的公共建筑当中不能使用固定坡道改造时，使用临时坡道是比较合理的解决办法。但应注意便捷式坡道的规格应和既有建筑出入口的场地条件相符合，并要加强维护和管理。

④　其他措施。对主出入口的通用性改造问题不能通过永久性建筑措施来解决时，可以通过对预算的控制、现存的保护措施或其他一些具体的实践来解决。如给主出入口增加一个新的出入口，注意要对空间的使用和建筑的流线做出适当的调整。或者通过内部的交通把整栋建筑和一个相邻建筑的无障碍主入口相接，其中连接走廊、通道的长度应合理，符合无障碍通道设计标准。

（4）出入口人流方向的控制

当建筑入口和出口为同一处时，应注意对进出人流行走方向的控制（图 3-23），如利用箭头符号表示对人流方向的引导。我国交通法规规定了车辆靠右行驶，行人一般也遵守这一规则，如果设计违背人们的习惯反易造成混乱。如南京地铁 3 号线大行宫站出入口进出站台的箭头方向是遵循靠左行走的规则，结果有人按箭头引导方向靠左行，有人按步行习惯靠右行，导致进出站人流混行，即使站台口有高音喇叭播放提示也效果甚微（图 3-24）。另外，在比较宽敞的台阶或楼梯中间设置栏杆扶手，既可以方便体弱者行走时的扶靠，也能起到控制人流进出方向的作用，避免混行时发生逆行，造成拥挤（图 3-25）。

图 3-23　大英博物馆
出入口分流控制

图 3-24　引导箭头方向不符合人们行为习惯

图 3-25　宁波博物馆楼梯中间设置扶手

　　在建筑的出入口要考虑为行动障碍人群增设的绿色通道，售票处及自动售票机的高度要考虑儿童及轮椅使用者的操作高度，在室内可根据具体情况有所区别地设置环境障碍人群与健康人群的交通路线。

（5）室内功能性空间的走道满足无障碍通道要求

　　特殊人群需要使用的室内功能性空间如阅览室、展厅、报告厅等至少有一个无障碍出入口及一条内部供行走的走道符合无障碍通道要求，包括地面防滑、走道净宽和净高的控制等因素。楼梯、坡道、电梯等无障碍交通设施符合规范设计要求，同时在安全疏散方面增加无障碍服务。

（6）提高交通设施无障碍设计细节品质

　　高品质的细节设计可以更好地保障无障碍通行的便捷和安全，在交通环境中可综合应用色彩、亮度的对比强调方向感和识别性。如室内台阶踏步如果和地面材质、颜色相同则识别性差，容易发生踏空或绊倒。图 3-26 中用鲜艳的黄色在灰色台阶踏面边缘勾线，并在踢面设置了不同楼层功能空间的标识，既强调了台阶的存在感，又突出了标识的趣味性。也可以利用地面材质的变化或设置连续的导向线引导观众。如德国巴登-符腾堡州的展览"脊椎动物——进化的成功"，利用地面蓝绿色的线条（与国际统一的中生代色彩相同），引领观众参观 1.1 亿年前的世界（图 3-27）。地面上的线条形似时间线，从每个独立年代区域的开始部分，通向基本信息的石碑。

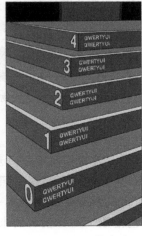
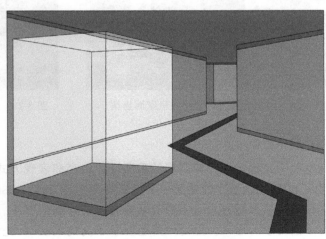

图 3-26　醒目的台阶　　　　　　　　　图 3-27　室内地面的引导线

3.4 文化类公共建筑展示设计与常见问题分析

3.4.1 展示设计内涵

(1) 美学原则

公众去美术馆、博物馆的核心活动就是观展,从设计层面分析主要内容就是展示设计。展示设计以视觉信息传达为主,应遵循美学原则。展示效果给观众以美或不美的感受,在人们心理上、情绪上产生某种共鸣,这一现象中存在着某种规律,形式美法则就表述了这种规律。形式美法则是人类在创造美的形式、美的过程中对美的形式规律的经验总结和抽象概括,如对称、均衡、单纯、主从、调和、对比、节奏韵律和多样统一等。展示设计是由各种构成要素如展板、展台、展架、背景墙、灯光照明等组成,这些构成要素具有一定的形状、大小、色彩和质感,而形状(及其大小)又可抽象为点、线、面、体(及其度量)。形式美法则就归纳了这些点、线、面、体以及色彩和质感的普遍组合规律。具体来说,展示设计应注意运用对比、和谐、对称、均衡、层次、简洁、呼应等手法,使界面形式、色彩搭配、照明控制和展示的内容、主题统一,在突出展品的同时使整个展示环境符合大多数观众的审美需求。如加拿大英属哥伦比亚皇家博物馆(Royal BC Museum),展品通过与展厅环境色彩的对比形成和谐与统一,深灰绿色展厅背景墙上布置着用黑色图框装裱的黑白照片展品,配以白色的文字说

 明展牌,从而与红底白字的展示说明拉开了色彩层次(图3-28)。加拿大哥伦比亚大学人类学博物馆(UBC Museum of Anthropology)展示设计则是弱化室内光环境,通过对展品的定向性照明即重点照明方式强化展示效果(图3-29)。

图 3-28　加拿大英属哥伦比亚皇家博物馆

图 3-29　加拿大哥伦比亚大学人类学博物馆

(2) 展示照明

展示照明是满足无障碍观展的重要设计内容和表现方式,我国《博物馆建筑设计规范》(JGJ 66—2015)以及《博物馆照明设计规范》(GB/T 23863—2009)对展厅照明中照明光源、灯具选择、照明方式、照明质量等有比较详细的要求。经对比,两者的规定基本一致,但也有个别要求有出入。如对"辨色要求不高的场所",光源显色指数(Ra)前者要求"不应低于80",后者要求"可不低于60"。因为《博物馆建筑设计规范》是2015年执行的最新标准,因此笔者采纳前者的要求,具体归纳如下。

① 展示区照明光源宜采用细管径直管型荧光灯、紧凑型荧光灯、卤素灯或其他新型光源。

② 应根据陈列对象及环境对照明的要求选择灯具或采用经专门设计的灯具，陈列照明包括墙面陈列照明、立体展品陈列照明和展柜陈列照明。

③ 墙面陈列照明宜采用定向性照明，并把光源布置在"无光源反射映像区"。

④ 立体造型的展品应采用定向性照明和漫射照明相结合的方式，并以定向性照明为主，且定向性照明和漫射照明的光源色温应一致或接近，从而强调其立体感。

⑤ 柜陈列照明需注意展柜内光源所产生的热量不应滞留在展柜中，观众不应直接看见展柜中或展柜外的光源，不应在展柜的玻璃面上产生光源的反射眩光，并应将观众或其他物体的映像减少到最低程度。

⑥ 照明应按展品照度值的 20%～30% 选取。

⑦ 展厅内只有一般照明时，地面最低照度与平均照度之比不应小于 0.7；平面展品最低照度与平均照度之比不应小于 0.8，高度大于 1.4m 的平面展品其最低照度与平均照度比不应小于 0.4。

⑧ 展厅内一般照明的统一眩光值（UGR）不宜超过 19，展品与其背景亮度比不宜大于 3:1。

⑨ 一般展品展厅直接照明光源的色温应小于 5300K；对光线敏感展品展厅应小于 3300K。

⑩ 在陈列绘画、彩色织物及其他对辨色要求高的场所，光源一般显色指数（Ra）不应低于 90；对辨色要求不高的场所不应低于 80。

博物馆室内照明设计除了满足照明的一般需要外，还应作为空间视觉效果的表现工具，综合处理光与造型、光与空间、光与色彩、光与材质所产生的"光"环境艺术效果。比较杰出的博物馆自然光环境照明实例是路易斯·康的金贝尔美术馆，为了将自然光柔和地引入室内，清水混凝土穹顶顶棚上采用了天窗采光装置，自然光通过穹顶顶棚的中央部分的缝隙引入室内，并将丰富的光通过纤细的不锈钢穿孔板进行数次反射。在此过程中自然光中的紫外线被吸收，强烈的太阳光变成柔和的扩散光。然而，单用自然采光并不能获得足够的照度，因此，为了确保其使用功能，该博物馆还使用了导轨射灯等其他辅助的人工照明方式。

博物馆室内人工照明按目的和效果可分为一般照明或周围照明、局部照明或目标照明、强调或装饰性照明三种主要类型；按照照明方式可分为直接照明和间接照明（表 3-3）。

表 3-3　博物馆室内照明类型

照明类型		照明功能及效果
按照明目的和效果分类	一般照明或周围照明	确定环境的基本视觉效果,满足视觉上的功能要求
	局部照明或目标照明	通过控制投光角度和范围限定空间领域,强调趣味中心,增加空间层次并明确空间导向
	强调或装饰性照明	本身不具备功能性,更强调美学性和心理感受
按照明方式分类	直接照明	直射光满足被照面要求的必要照度的功能
	间接照明	间接照明是将光源遮蔽而产生间接光的照明方式,可创造如自然界中产生的各种自然、柔和、均匀的照明效果,丰富室内空间层次,并对空间起着点缀、强化艺术效果的作用,是表现室内气氛和意境的重要因素

展示空间内表现场景、气氛时，通常将间接照明和局部照明或目标照明配合使用。日本照明设计师面出薰指出"有人将间接照明效果称之为环境照明，就是说间接照明是与创造气氛以及环境视觉的舒适性相关的手法。所谓的环境照明就是积极地去规划地面、墙面、顶棚

的亮度，与筒灯、射灯等直接的功能照明，存在于不同的层次"。间接照明其产生的途径有两种：一种是光源照射到介质上反射形成间接光，另一种是光源穿过透明或半透明的介质形成间接光。也可以是两者相结合形成的间接照明。在这种形式的照明中，光源和介质共同作用，影响照明效果的一方面是光源的强度、色标（即灯光的表现颜色）、显色性（指灯光对它照射的物体颜色的影响作用）、投光距离、角度和范围以及光源空间分布状况等；另一方面是介质的厚度、形态、控光性能（如反射系数、折射系数、透光性等）、色彩、肌理和质感。不同的间接照明方式可创造多变的照明效果，基本的间接照明方式有四种：间接照明的装置、发光灯槽和檐口发光灯槽、发光顶棚和向上的泛光照明（表 3-4）。

表 3-4　间接照明方式

	间接照明方式	图示/mm
间接照明的装置	1. 间接照明的装置指在光源的局部或四周安装各种样式的遮挡附件得到间接光的装置； 2. 遮挡附件可选择透光材料，如羊皮纸、织物、玻璃、云石、塑料板等，既装饰美化室内空间，又利用介质形态塑造了光的形态； 3. 也有利用反射率高的材料做光源的反光罩，从而精确控制光线分布，提高照明效能，如阳极氧化或抛光的铝板、不锈钢板、镀银或镀铝的玻璃和塑料等	
发光灯槽和檐口发光灯槽	1. 发光灯槽是把装饰顶棚或四周叠级顶棚照亮得到间接照明效果的装置； 2. 檐口发光灯槽是在与墙面相接的顶棚面上连续地配置照明灯，使墙面明亮而又均匀地被照亮的装置； 3. 发光灯槽断面可造成各种形式，光源通常为单列或多列布置的荧光灯管，也有在特殊场景中用变色 LED 灯的，其透光界面可采用磨砂玻璃、有机玻璃、亚克力透光板、木或金属的格栅结构等； 4. 应根据被照物形状和透光性综合考虑人站、坐的位置及眼睛的高度来确定适宜的遮光板尺度、灯具的配光和配灯位置（如灯具的高度、投光角度和范围），避免光源被直接看到	
发光顶棚	1. 发光顶棚是将光源安装在有扩散特性的介质（如磨砂玻璃、半透明的有机玻璃、棱镜、格栅）上，介质将光源的光通量重新分配而照亮房间的发光装置； 2. 这种间接照明的方式属于低亮度漫射型，发光表面亮度低而面积大，可获得照度均匀、无强烈阴影、无直射眩光，功能兼装饰性一体的照明效果	
向上的泛光照明	1. 向上的泛光照明是在与墙面相接的地面上单独或连续地配置照明灯； 2. 主要用在室内陈设品和绿化照明中； 3. 同样应考虑到遮光	

(3) 展示方式

展示方式主要有四种，即二维平面展示如纸质文字、照片、图像等；实物展示，如玉器、青铜器等历史文物；空间场景展示如等比例缩放的模型、构件、建筑场景等；多媒体影像、视频和音频展示。展示设施又称展览装具或陈列装具，指为展示藏品而设计、制作的橱柜、支架、展板等；展示设施及各种场景的设计元素共同营造了博物馆的展示空间形象，其中展柜是具有典型代表性的展示设施。

目前，我国不同的展柜厂商和博物馆专家对展柜分类略有差别，主要有根据展柜形式分为标准型、非标准型（异形）和电动型；根据展柜布置位置把放在展厅中央的方形展柜称为中心柜、独立柜、自由立式展柜或五面柜等；把沿墙设置的展柜称为壁挂式展柜、壁龛、沿墙柜、通体柜等；把较矮的展柜称为桌柜、平柜、坡式柜等。虽然叫法各不相同，但实际分类方法大同小异，名称也没有本质的不同。本教材根据展柜厂商的资料归纳，将展柜分为手动开启和电动开启两类。前者根据形状可分为标准型和非标准型（异形），根据摆放位置及观看视角分为沿墙柜、独立柜和鸟瞰柜；后者则分为电动鸟瞰柜和电动抽取展柜，如图 3-30 所示。

图 3-30　展柜类型

3.4.2　存在问题与解决思路

笔者调研发现，无障碍展示设计主要存在以下几个方面的问题。

① 某些展示设计和建筑空间环境不协调。如深圳某美术馆建筑表皮以几何六边形为母题，室内空间处理时也有一定的呼应（图 3-31），该美术馆是国内首家以先锋设计为主题的美术馆，参观时其展示内容以多媒体视频形式为主，展示设计忽略了现代建筑设计空间的优势，既无界面装饰也无灯光或标识引导，与室内环境、展示主题内容基本脱节（图 3-32）。而与之相对比的英国某博物馆同样是多媒体展示形式，设计表现效果简洁且重点突出，展示主体一目了然（图 3-33）。

图 3-31　深圳某美术馆建筑立面及其室内造型

图 3-32　深圳某美术馆展示设计

图 3-33　英国泰特现代美术馆的展示设计

　　② 展示设施高度和造型不适合轮椅使用者、儿童的观看及操作。国内常见的展示设施如电子触摸屏、展柜一般都以标准型号设计，如标准展柜展示面高度一般为 80cm，触摸屏可操作界面高度及多媒体设计也基本以中国成年人尺寸为设计依据（图 3-34）。以上海某动画博物馆为例，该博物馆参观群体主要是青少年和儿童，但大部分展台为标准展台，造成展品设置位置较高，儿童无法清楚地看到展品内容，一些视频、多媒体互动设施也存在类似问题（图 3-35）。

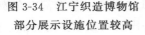

图 3-34　江宁织造博物馆　　图 3-35　上海某动画博物馆显示屏位置太高
部分展示设施位置较高

　　③ 部分展示牌上的文字较小，牌面颜色和文字对比不清晰，展厅内光线较暗，造成视觉障碍者阅览困难。
　　④ 多数视听室、报告厅缺少轮椅席位。
　　基于上述问题，解决思路如下。
　　① 展柜和展品的高度应考虑到儿童及轮椅使用者的视线范围（图 3-36）。
　　② 展区的说明部分设计应位置醒目，字体清晰，有配套语音信息、动态文字信息板等为视听障碍者服务。
　　③ 视听室、观演厅等具有影视资料的功能空间应设有轮椅席位，配备相关语音说明及字幕，并根据情况增设指引性音频设备。
　　④ 选择一定展品，让盲人触摸；对特殊展品可以配戴手套，或者复制一些模型帮助盲人感知。

图 3-36　英国某博物馆内展示设施兼顾儿童使用需要

⑤ 注重展品和观众之间的"互动体验性"。这种交互体验方式可通过视觉、触觉、听觉、嗅觉等感官有效地传播信息，既能丰富大多数健康观众观展的体验和经历，也能适当满足存在某项感官功能障碍的观众观展需求。

3.5　文化类公共建筑公共服务与常见问题分析

3.5.1　公共服务内容

文化类公共建筑的公共服务包括接待、休闲、商业等。首先，服务内容和设施配置应根据可接待的使用者人数数量、使用人群活动特点和流线组织进行合理安排。如在入口处设置问讯处、语音导览器、资料索取处、残疾人轮椅及儿童车租用处、电话间等，在休息区设置饮水间、厕所等。其次，服务设施应方便轮椅使用者，如设置低位服务设施，包括低位服务台、休息座椅、饮水器、电话台等。低位服务设施不仅应方便到达，还应便于不同类型人群的操作使用。笔者调研发现，我国特大型、大型博物馆还是比较重视公共服务，比如展厅外观众休息座椅比较充足，展厅内有保洁人员不停地擦拭着展柜，基本都有免费租用的轮椅、婴儿车，提供语音导览系统等。北京故宫博物院针对外国观众数量多的特点，提供了包括英语、日语、韩语、俄语等四十多种语言的语音导览服务，机随人行，每当观众驻足于文物建筑或文物展品前，自动开启讲解，受到外国观众的欢迎。

3.5.2　存在问题与解决思路

目前，我国文化类公共建筑低位服务设施还不健全，很少设置低位服务台。休息座椅尺寸也是主要满足健康成年人的使用，有的座椅和其周围环境装饰设计的风格不协调。

我国绝大多数公共建筑的厕所主要是满足成年健康人群的需要，很少设有专用无障碍厕所或无障碍厕位。2000 年后，部分新建的公共建筑设置了专门供老年人、残疾人使用的无障碍厕所，但有时也因为通道上有台阶之类的高差而影响其使用效率。厕所洗手台台面高度基本是 80cm，一些主要活动群体为儿童的公共空间区域，配套的厕所也缺乏方便儿童使用的设施。如上海某动画博物馆的厕所洗手台设置过高，不便于儿童使用（图 3-37）。

图 3-37　上海某动画博物馆厕所内标准洗手台

(a) 闲置时靠墙放置

(b) 使用时放下

(c) 翻转打开换装平台

(d) 及时使用

图 3-38　日本无障碍厕所内的换装平台

有的厕所门的通行宽度很小，仅有70cm，从而造成坐轮椅的观众无法使用。国内一些新建博物馆设置了专用无障碍厕所，但使用率比较低；国外为提高无障碍厕所的利用率，厕所内加入了供女性使用的换装平台（图3-38）、儿童安全座椅、儿童马桶（图3-39）、换尿布台等，兼育婴室、哺乳室、更衣室的功能，从而扩大其使用性，达到了通用设计的效果。比如日本女性厕所里设有儿童便池，为带孩子的妈妈照顾孩子如厕提供方便。带婴儿的妈妈如厕时可以把孩子放到靠墙的儿童安全座椅上，让孩子和妈妈面对面，孩子会有安全感。

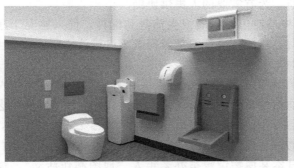

图 3-39　日本无障碍厕所内的儿童安全座椅和儿童卫生设施

基于上述问题，笔者认为解决思路如下。

① 服务设施在满足人们实际需求的同时，其细部设计应符合人体尺寸和触及范围的要求，且布置的方式、位置、数量应充分考虑使用者的行为和心理需求特点，设施造型、风格和室内环境应协调。

② 服务台、纪念品零售处货架或柜台、电话、饮水器等要考虑儿童及轮椅使用者的视线范围和使用高度（图3-40）。另外，考虑到一些外地游客因行程安排可能会携带行李参观的实际状况，大型、特大型文化类公共建筑应设置足够的行李存放空间（图3-41）。

③ 每层至少有一个轮椅使用者可以到达、进出和使用的公共厕所，其空间必须足以让轮椅使用者移动轮椅，并可以从正面、侧面或对角线坐上坐便器以及从坐便器坐回轮椅。

图 3-40　日本公共空间设有　　　　　　图 3-41　英国泰特现代美术馆带着行李参观的观众
　　　　　低位饮水台

④ 重视无障碍厕位和无障碍、无性别、多用途厕所的设计。公共厕所数量充足，面积应和其人流量大小成正比，位置适中，内部无障碍设施及设备配置齐全，以供所有人士包括成年男女、带婴幼儿及小孩的人士、轮椅使用者、视听障碍者、老年人、体弱者、儿童等不需要他人协助的情况下都能使用。

⑤ 无障碍、无性别、多用途厕所比男女分开使用的厕所更易辨认，在有需要时更容易寻找，这对需要频繁如厕的老年人、幼儿及部分残疾人而言，尤为重要。

⑥ 无障碍厕所应设置在畅通易达、方便视觉障碍者找到的地方，附近应设有帮助老年人、体弱者行动的扶手，以及有助视觉障碍者活动的触觉地面材料。此外，无论男女护理或陪同者都可以进入无障碍厕所，为有需要的人提供协助。

⑦ 现在公共厕所流行趋势是使用白色的卫生洁具和配件，使人感觉干净整洁。但是白色卫生设施往往配以浅色或白色瓷砖，会使视觉障碍者难以辨认。所以，卫生设施与室内背景饰面应有亮度反差或颜色对比，方便识别。

⑧ 在服务理念方面，我国文化类建筑应通过扩大服务范围，提高工作人员服务质量来提升环境品质。雅典触觉博物馆的负责人认为，盲人一样有权利欣赏伟大的艺术品，博物馆帮助盲人欣赏艺术，提升生活，让他们有机会用心代替眼睛感受艺术的精髓，是一种充满人文关怀的举措。芝加哥某博物馆则提供休闲服务，上门将艺术品送至不便出门的老年人或行动不便的视力障碍者面前。日本某博物馆曾举办老年人"地图制作活动"，根据博物馆收藏的地图，陈述过去的生活，将听取的内容写进地图，然后作为"记忆的地图"进行展示和发表，其目的是减少患"老年痴呆症"风险的因素。参加者在活动期间内安装计步器，对步数和日常生活进行记录，两年后由东京都老年人综合研究所进行项目评价，结果显示老年人感情变得更加活跃，良性的感情明显提高。

3.6　文化类公共建筑标识系统与常见问题分析

3.6.1　标识系统分类

公共活动空间中，标识系统是疏导人流、识别空间、警告危险的重要设施，系统完善的标识设计不但有助于健康人行动方便，而且能对老年人、残疾人等行动障碍人群发挥巨大的作用。有学者研究智力障碍者空间标识系统的通用设计，将标识根据功能分为引导性标识和识别性标识，并归纳了室内引导标识的三种方式：色彩引导、文字与图形引导以及电子显示及多媒体引导。日本学者田中直人根据信息的获得方式将标识分为基于视觉的标识、基于听觉的标识、基于触觉的标识和基于嗅觉的标识四类；根据传达功能标识则可分为名称、引导、导游、说明及限制五类。

本教材根据文化类公共建筑空间环境特点，归纳其主要运用的标识系统分为位置标识、导向标识、游览标识三大类。

（1）位置标识

位置标识表示地点或其内容性的标识（图3-42）。位置标识应设置在目标的上方或紧邻目标物。如果位置标识所标识的目标在有效观察范围内特征突出且易于辨认，较远处的观察者也易于发现，则位置标识的设置应起到导向作用，位置标识设置主要有悬挂或与墙面垂直两种方式。当建筑物及设施本身的设计能够表明其身份时，就没有必要设置这种标识。该类标识设计应考虑文字、图形通俗易懂，不需要过多地推断或猜测，造型表现生动、形象，并和博物馆室内整体环境协调统一。

（2）导向标识

导向标识指通过箭头等指示通往特定场所及设施的路线标识（图3-43）。仅在看不到位置标识时才需设置导向标识，导向标识与位置标识之间的导向信息应连续。在导向路径上所有需要做出方向选择的节点如分岔口等均应设置导向标识。当路线很长时，即使没有分岔口，也应以适当的间隔重复设置导向标识。

图3-42　苏州博物馆的位置标识

图3-43　上海科技馆内的导向标识

公共空间中除了建筑本身空间结构与逻辑性的引导外，导向标识作为一个有序的系统而存在。导向标识是一组安置在通往目的地沿途的、连续性的引导标识的总和，它有利于人们在活动中做出选择。这类标识上所记载的信息应该限定在多数人共同需要的内容，因此除文字外，还可考虑采用认知性高、对比突出的表现手法，如象征手法、色彩对比、光影对比等（图3-44）。但色盲、色弱者对色彩的标记难于辨认，而且色彩种类过多时不容易记忆，此时彩色标识只能作为文字引导系统的一种补充（图3-45）。另外，在导向系统中，应为无障碍设施提供醒目的导向信息。无障碍设施处应设置相应的位置标识，无障碍设施和普通设施不在一起时，应设置无障碍设施的相应导向标识。

图 3-44　利用光影的标识　　　　　　　　　　　　图 3-45　地面色彩对比鲜明
的导向标识

（3）游览标识

游览标识是为使用者在选择游览或活动路线时提供必要信息的标识，以及在必要时标明安全或禁止的信息。这类标识上记载的信息需要有丰富的内容以满足多样化的需求。

平面示意图、信息板应设置在其导向范围的主要入口处。平面示意图的实际设置位置应与图中所设计的观察者位置一致，也就是说，观察者在平面示意图上看到的方位应与实际的方位一致。如在图中位于观察者左侧的设施，在实际环境中也应位于观察者左侧。平面示意图、信息板上的显著位置设置信息中心图形标识。

便携印刷品通常摆放在建筑入口或服务台等位置，以方便取用，亦可放置在平面示意图等导向要素附近。

3.6.2　存在问题与解决思路

对老年人、轮椅使用者而言，许多公共建筑的标识设计存在字体小、颜色模糊、照明不够、标识位置太高或太低等问题，不方便辨认寻找。如江苏省美术馆的一些信息标识牌材料为透明玻璃，而玻璃上的字体为棕黄色，对比度弱，可识别性比较低，部分图文标识不清，文字、图形大小以及亮度、色彩明度都不能达到视觉障碍者所需的辨识度，尤其是透明玻璃推拉门没有强烈视觉冲击标识警示，对视觉障碍者是潜在危险（图 3-46）。

图 3-46　江苏省美术馆标识牌识别度低

另外，很多公共建筑存在部分无障碍设施位置处缺少无障碍标志的问题，至于展厅内为视听障碍者服务的语音、字幕等信息提示的听力障碍标识、视力障碍标识更是少见。

基于上述问题，笔者认为解决思路如下。

安全通道、出入口、厕所、应急设备等交通部位和设施处的标识要醒目。不同功能的标识不能孤立地设计，应注意考虑其标识系统的整体性及与室内环境的和谐关系，诸如统一的版面设计、认知性好、简单明快的表现方式，公共建筑的形象标识或室内环境标准色的应用等。另外，考虑到不同障碍者的需要，可通过补偿多种渠道获得信息的方式进行标识设计。比如老年人需要更大、更亮、反差强的标识；视觉障碍者需借助听觉标识的引导和信息提示，即采用听觉标识和视觉标识并用的方式；按功能分区来划分色彩区域利于智障人士对空间的认知和辨识，利用色彩形成的色彩印象可以为使用者提供帮助，应该注意的是，环境中色彩不宜过多，不宜过于强烈，否则会对使用者造成负担。从通用设计角度出发，标识设计应注意以下四个方面。

（1）标识文字

调查表明，无论是汉字、数字还是英文字母，字符高度、笔画数量、笔画粗细、字体风格、字高宽比及字间距都直接影响其可辨认程度。为弱视者设计的文字标识应位置适当、大小合适，且与背景之间有足够的对比，字体风格也应简化。对老年人来说，标识文字要大，明暗分明，对比强烈且有照明，易于辨认。博物馆展厅内适当位置可摆放些专门供老年人使用的"阅读放大器"，满足其需要。

（2）标识图形

人天生具有图像表达能力，原始人在没有发明文字之前就用单纯的绘画符号来传达信息；儿童在不会写字之前就会用笔涂画，把对现实的印象表达出来。因此，图形是超越国度的语言。世界各民族的语言文字不同，但对于图形的感知力却是基本一致的。醒目明晰的图形标识可增强视觉冲击力，更及时准确地向人们传递信息。根据视觉设计的原理和视障人士的视觉特点，用于环境标识图形的设计应符合以下要求。

① 图形应与背景界限分明、对比强烈，以加强符号的冲击力。

② 图形最好完整统一、简单明了。由于人眼对直线轮廓比对曲线轮廓更易于接受，所以构图要素应尽量采用水平或垂直的块、面，避免用单线、曲折线或不规则的线条。

③ 设计的图形和符号要简练、生动，能形象表达出目标要素的基本特征。图形和图意对应一致，不至于让观看者产生误解。标识图形应易于被绝大多数人识别和理解，且具有跨地区、跨国界的通用性，这样才能提高观看者的反应速度，加强对符号的理解，减少辨析、认知的时间。

（3）标识色彩

色彩在人们的文化活动、生活经验中具有十分重要的识别功能。一般来说，色彩会比文字或图像更快、更容易被注意

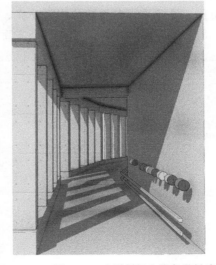

图 3-47　走道栏杆上彩色塑料球的引导

到，而标识用色在无障碍环境中也是十分重要的。比如德国雷根斯堡的盲人机构室内走道墙壁栏杆上悬挂的彩色塑料球是让视觉障碍者通过色彩和触觉感受周围的环境（图3-47）；卢浮宫的导视标识牌设计是以色彩来表现功能分区，使人更容易理解、识别。

国际上标识颜色一般具有特定的意义，如红色表示停止、禁止、危险、防火等，黄色表示警告、注意，蓝色表示指令或必须遵守的规定，绿色表示提示、安全状态等。标识色彩不能随意使用，应符合当地社会文化、风俗和人们的认知习惯。实验表明，标识主要依靠其表面色彩亮度与背景色彩亮度的对比来辨认，色彩亮度对比越大，易识别性越好，这对视障者的辨认有很大的帮助。

（4）无障碍设计

悬挂设置的导向标识和位置标识的高度应便于老年人和其他行动不便者阅读，台式设置的平面示意图应便于轮椅使用者阅读。

标识系统除了利用文字、图形符号、色彩等易于理解的表达方式来传达信息、引导人们的行动外，还可以通过听觉、触觉等方式传递信息。如理查德·迈耶设计的洛杉矶盖蒂博物馆设有带盲文的立体导视图、盲文说明牌等，可以帮助盲人建立完整的认知地图。在为视力残疾者提供的活动空间中，除了使用触摸指示标识外，还应使用各种声音信号，如扩音器、电铃、广播等进行提示、引导；对于听觉障碍者来说，利用闪光及振动的设备比较有效。日本开发出一种新的信息提示系统，把磁性标识体铺设在路面或者埋在地砖下用来引导道路方向，当专用拐杖走到这里，触发分界点处播放声音说明，同时拐杖也会振动起来指引使用者到达目的地。如果把这种发明设置在供盲人使用的公共空间交通枢纽和无障碍设施处，帮助其分辨方向和判断所处位置，他们就能够更安全和方便地参与活动。

─────── 本章小结 ───────

我国文化类建筑应充分体现对所有使用者的包容和公平性，通过提高环境品质，更好地发挥公共建筑社会效益。公共建筑设计应从无障碍设计和通用设计角度出发，考虑全体社会成员需求，满足使用者在通行、观看、聆听、休息交流、操作使用等方面的活动功能。设计重点包括功能空间分类、交通流线的通行无障碍、展示设计的视听无障碍、服务无障碍和标识无障碍五个方面。

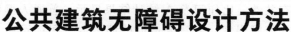

≡ 第4章 ≡
公共建筑无障碍设计方法

4.1 环境障碍补偿法的设计策略

公共建筑及其环境设施是以公民，特别是城市居民为终极服务对象，广大居民包括老年人、残疾人等特殊群体对其评价和建议是提升其环境综合考量的指标之一。通过对参观博物馆、美术馆的人群进行抽样调查，分析使用者主要类型，了解他们对馆内设施使用情况以及评价，得出对公共建筑环境的总体印象，将其作为无障碍设计要求的重要参考依据。

笔者调研结果表明，文化类建筑的活动人群是多元化的，年龄、文化程度、职业、参观目的各有不同，且身体机能存在着差异。受访者中，约9%的调研对象至少每年平均每个月去一次博物馆，一半以上调研对象每年大概去1~2次博物馆。考虑到调研排除了近一两年内没有参观博物馆经历的人群，这也就意味着实际我国人均参观次数更低。《中国青年报》2013年8月的一个统计数据表明"自从进行免费开放试点以来，全国免费开放的博物馆、纪念馆已有1000多家，年观众量1.2亿人次，其中青少年3500万人次，按在校大中小学生2.3亿计算，人均才0.15次"。2020年中国大陆总人口为141178万人，相比之下，发达国家博物馆服务对象向整个社会转化，参观博物馆成为日常休闲娱乐、接受教育的普遍活动。如美国43%国民人均参观次数高达4次/年；加拿大首都渥太华的居民为100万人，位于该市的加拿大文明博物馆每年的参访量达到130万人次，即人均参观次数为1.3次/年。

通过上述数据比较，反映出我国的博物馆建筑人均参观次数相对较低，博物馆的公共文化、教育资源未能得到充分发挥和有效利用。博物馆建筑面向大众的工作远不足够，参观博物馆还没有普及为大多数人选择的休闲娱乐或者接受教育的活动。因此如何通过合理的通用设计和无障碍设计扩大受众面，是设计师应解决好的问题。

笔者统计数据表明，59.0%的人倾向集体活动或和朋友、家人活动，说明人们喜欢通过公共场所进行交流和分享；60.1%的人参观时间不超过1h，仅有8.3%的人参观停留时间超过3h。据此，公共建筑室内外空间规划上应注意在活动路线上合理布置休息节点，解决好满足人们交流分享的需要，并避免空间浪费或不足。

笔者统计群体中农民和个体户占调研对象的6.0%，学生、中层干部、技术员、工人、职员占调研对象半数以上。因此人群职业构成的多样化、文化程度的差异化要求我国公共建筑应更加广泛地提高其包容性，在文化展示活动内容组织编排、场景设计、设施服务、教育活动中满足各种群体使用目的、多元化的功能需求。

笔者另外调研对象中，有53.2%的人习惯使用右手，有13.4%的人习惯使用左手，该数据与斯坦利·科伦（Stanley Coren）的调查结果"72%的被访者为强烈的右利者，而大约有5%的被访者为强烈的左利者"相比而言，调研结果中左利者人数比例要高很多。因此，在公共空间设计时，重视左利者使用设施的便捷性与安全性是很重要的。

笔者通过问卷统计结果的分析比较发现，存在不同类型环境障碍的人群对设施的使用满意度虽有差异性，但也有共性。比如问卷A统计结果显示，普通人群即行动状况良好、视力良好、无环境交流或操作障碍者，满意度最低的都是卫生间；问卷B也表明，调研对象的主要障碍场所之一是卫生间。因此，公共厕所的无障碍建设是重中之重。另外，对视力障碍和存在环境交流及操作障碍的人群而言，电梯及其导向标识的使用很重要。提升无障碍环境品质应特别加强建筑出入口、通道、服务设施等部位的无障碍设计。在弥补设施硬件方面不完善的同时，还应加强配置手语翻译、提高对残疾人的专项服务等软件环境上来。

笔者调研结果显示，无论是早期的或是新建的公共建筑，一般都会存在无障碍设计多停留在对既有规范较低限度满足上的问题，也就是说没有以满足全部使用对象的公平为依据，缺少人性化的考虑，以至于建成环境不能真正满足所有使用者的需要，部分无障碍设施成了摆设，失去了设计的意义和最初的目的。低位服务台、厕所、电梯、扶手等无障碍设施和服务的不完善，导致老年人、残疾人对这些设施指标的满意度较低。要提高公共建筑无障碍环境品质，提高老年人、残疾人的活动品质，首先是加强设计师和使用者之间的沟通，真正从各类使用者的需求出发，采用通用设计方法，从硬件和软件多方面解决无障碍环境的问题。

设计标准是指导无障碍设计实践的准则。如前文所述，目前我国现行《无障碍设计规范》未涵盖公共建筑环境展示、视听等方面无障碍设计的要求，部分设施缺少细节设计标准，同时无障碍设施设计的要求各自独立，不能在实际建设中形成完整的无障碍流线，导致一些无障碍设施不能使用。如《无障碍设计规范》中未具体规定无障碍厕所的设置条件，公共厕所无障碍设计的相关条文缺少关于儿童卫生设备的设置要求，没有强调无障碍通道和无障碍厕所入口处的联系。所以，调研发现人们对公共厕所的满意度较低。

笔者调研结果表明，使用者需求和解决策略是满足存在环境障碍人群无障碍活动的重要前提。环境障碍类型主要分为移动障碍、信息障碍、细致操作障碍三类。移动障碍是指在活动中行动能力受到限制，存在这类环境障碍的人群包括体弱的老年人、带婴幼儿的家长、推婴儿车和携带行李的人、下肢残疾者、视觉障碍者（或视力残疾者）。信息障碍是指在活动中，对于信息的获取诸如观看、聆听方面受到限制，存在这类环境障碍的人群包括视力残疾者、听力残疾者、外国人、精神残疾者和智力残疾者。细致操作障碍是指对于设施的使用、操作等受到限制，存在这类环境障碍的人群包括存在四肢操作障碍的智力残疾者和上肢残疾者。

笔者归纳针对不同环境障碍的无障碍设计要素如表4-1所示。

实际上，无障碍设计针对不同环境障碍类型，可有效地使用感官代偿的设计方式。感官是感受外界事物刺激的器官，是个体认识世界以及自身的一种方式，包括视觉、听觉、触觉、味觉和嗅觉等。感官代偿是指在人的某种感官功能受到损害的时候，其他感官的功能会得到相应的增强，以便获得更多的信息量，从而达到一定程度的补偿的过程。无障碍设计主要的一种策略就是依据感官代偿原理，根据不同人群所受到的环境限制，综合考虑视觉、听觉和其他感官补偿的设计方式，如利用方位引导、材料质感变化、色彩对比与反差、声响与标识等，优化交通空间的通行能力，增强环境的可知性，有针对性地消除人们在活动过程中可能遇到的问题。

表 4-1　环境障碍类型和无障碍设计要素

特殊使用者	环境障碍类型	障碍表现及补偿	无障碍设计要素
年老体弱者、带小孩的家长、携带行李者	移动障碍	行动缓慢、使用拐杖	道路平坦防滑、地面标高变化、回转空间、通道宽度、台阶高度、坡道坡度、扶手、地面凸出障碍物、行走空间高度和探出物、门宽度和便于开启、照明要求
		推婴儿车	
		行李寄存	
下肢残疾者		使用假肢、使用轮椅	
视力残疾者	信息障碍	对陌生环境有障碍,靠手杖探路补偿	消除手杖探不到的障碍物、设置提示盲道、增设导盲信号、盲文标识、紧急疏散设置视觉及振动传递装置
		对光、色信息有障碍,靠触觉补偿	
听力残疾者		对声音有障碍,靠视觉、触觉补偿	增设灯光、文字信息,减少噪声;设置标识,标识的文字应大而清晰,增加对比,减少环境色干扰;紧急疏散设置视觉及振动传递装置
精神残疾者		智力正常,因精神障碍对信息不能正确理解	增设各种简单易懂的标识、说明和图示,不论使用者的经验、知识、语言能力或集中力如何,这种设计的使用都很容易了解
外国人		语言、文化差异对信息不能理解	
儿童			
智力残疾者		不懂较难文字及语言,缺乏生活经验对信息不能理解,智力低对信息不能理解	常用设施、设备操作简便、省力、易学
上肢残疾者	细致操作障碍	智力或上肢残疾进行复杂动作有障碍	

4.1.1　优化通行能力的可接近策略

优化通行能力是指无障碍流线应满足行动不便者在没有其他人帮助的情况下,可方便自如地进出建筑及其周围环境,并能到达或接近其中设施的设计策略。一般来讲,公共空间中行动不便者包括年老体弱者、下肢残疾者、带小孩的家长、携带行李的人和视觉障碍者。因此,可接近策略主要是消除环境中不适宜的障碍物,加强人们在不同空间位置的识别能力,使行动不便者通过周围环境信息的指引,顺利方便地到达、进入并使用空间环境或设施。

(1) 提高肢体残疾者的通行能力

关键是注意交通节点无障碍设计和标识指示、引导明确清晰。建筑出入口、台阶、坡道、楼梯、电梯、走廊、通道等作为建筑物内外过渡和联系室内各个功能空间的重要节点,起到了保证建筑整体空间的连续性与安全性的作用。对于行动不便者来说,若要安全便捷地在建筑内部通行,交通节点的无障碍设计非常重要。

首先,建筑出入口应该是无障碍设计,即平坡或台阶结合坡道,注意扶手规格、尺寸和设计的连续性;门应方便开启,宽度满足人流进出和疏散需要。

其次,室内走廊、通道地面应平坦、防滑,有高差时设置轮椅坡道或无条件设坡道时设置升降平台,通道宽度、坡度、回转空间尺寸应满足轮椅通行要求,避免在行走空间的侧面和高处有影响通行的探出物。楼梯、电梯、坡道等交通枢纽也应符合无障碍设计要求。

再次，利用铺地的变化或对比，提高对不同功能区域的识别。如英国大英博物馆不同性质的展示空间过渡区域铺地材质和展区整体铺地有所区别，既强调了功能分区属性，又使不同人群对交通路线容易识别（图4-1）。

图 4-1　英国大英博物馆不同功能区地面材质的区别

最后，依靠视觉或者触觉补偿，即利用设置环境中简单清晰的图形和语音提示帮助引导行动，也是提高通行能力的重要手段。

（2）提高视力残疾者通行能力

设计增加脚底触觉的地面材料以及设置相应的语音信息提示。

人体科研数据显示，正常人从外界获取的信息中85%来自视觉，对于大多数人包括肢体残疾者和听力残疾者，视觉是获取外界信息的重要途径。借助于视觉，可以观察到物体的大小、形状、色彩以及静止和运动的状态，并且能够通过双眼的视觉差别来判断个体的空间、方位与距离。视觉障碍者由于在看的能力、可见范围、明暗适应、辨色等方面存在障碍而影响其对环境的准确判断。中国残疾人联合会制定的《残疾人实用评定标准》将视力残疾分为盲和低视力两类（表4-2）。其中，盲或低视力均指双眼而言，若双眼视力不同，则以视力较好的一眼为准；如仅有一眼为盲或低视力，而另一眼的视力达到或优于0.3，则不属于视力残疾范围；最佳矫正视力是指以适当镜片矫正所能达到的最好视力，或以针孔镜所测得的视力；视野<5°或<10°者，不论其视力如何均属于盲。低视力存有相当程度的视力，而且个体的差异性很大；全盲则无法看清楚东西。视觉功能的缺失会导致听觉和触觉功能的明显增强。研究表明，视障人士对外界的事物感知主要依靠触觉与听觉来补偿视觉，这一现象对于正常视力的人在弱光环境下同样适用。

表 4-2　视力残疾的分级

视障者类别	一级水平	二级水平
盲	$0.02>a\geqslant$光感，或视野半径$<5°$	$0.05>a\geqslant0.02$，或视野半径$<10°$
低视力	$0.1>a\geqslant0.05$	$0.3>a\geqslant0.1$

注：假设级别最好眼的最佳矫正视力为a。

触觉是指皮肤受到外界刺激时所产生的一种感觉，包括对皮肤的压觉、温度觉、痛觉以及一定频率的振动觉。对于视力相对较弱而依靠感觉器官接触世界的视觉障碍者来说，行走与操作都需要依靠身体的触觉来帮助判断。利用这一特性，建筑室内不同的材质有助于帮助残疾人对于方向、环境的判定。比如位于丹麦腓特烈西亚市的福尔桑格中心，是一所丹麦视觉障碍者协会所属的为视觉障碍者提供医疗康复帮助的疗养度假中心，其无障碍设计的一个重要特点就是重视走廊交叉路口的设计，帮助视觉障碍者辨识空间方向。该建筑走廊和过道的交叉路口上方都建有一座塔楼，塔楼处的室内地面采用丁钠橡胶材料（该材料具有容易产生振动和弯曲变形的特性），使行走在该地面上的人感受到橡胶材料的振动，产生和其他空间行走时不一样的感觉。无障碍设计还利用顶棚高度差异（塔楼顶棚距地面高度为7m，走廊和过道顶棚距地面高度为2.8m）造成人们在塔楼及走廊过道走路时发出的回声不同，利用声音的反射效果，从而使视觉障碍者根据走路声音发出的变化判断自己所处的位置。

盲道是为了辅助视觉障碍者在人行道或其他场所行进而设置的一种固定形态的地面砖，其地表材质凹凸不平，对脚底产生压强，使视觉障碍者产生盲杖触觉及脚感，引导其向前行走和辨别方向。国内外盲道设计要求基本是一致的。盲道按使用功能可分为行进盲道和提示盲道两类（图4-2）。行进盲道呈条状形，宽度为250~500mm，触感条面宽25mm，底宽35mm，中心距62~75mm，突出路面4~5mm，可使盲杖和脚底产生感觉，便于指引视力残疾者安全地向前直线行走。提示盲道呈圆点形，每个圆点表面直径为25mm，底面直径为35mm，圆点中心距为50mm，突出路面4~5mm，提示盲道设置在盲道的起点处、拐弯处、终点处和表示服务设施的位置，以告知视觉障碍者前方路线的空间环境将出现变化，提醒其注意前方将有不安全或危险状态等。

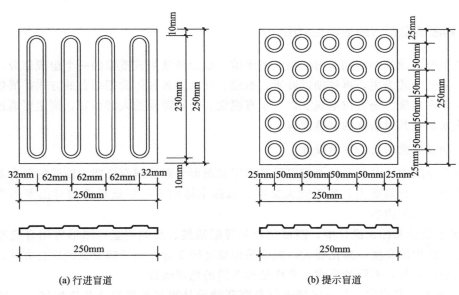

(a) 行进盲道　　　　　　　　　　(b) 提示盲道

图4-2　盲道平面、剖面图

研究表明，盲人的感觉神经末梢比普通人敏感，大多数盲人能清晰地感觉到脚底35mm以上的路面变化情况，很少会走错方向。然而，我国在实际的建设中，大量的人行盲道却没有起到预期的效果，一方面建设、管理不规范，另一方面是有的盲道设计方法存在一些不合理性。如条形行进盲道与圆点形提示盲道设置的方向有误，导致盲人难以辨别方向而出现走错道路的现象；行进盲道与提示盲道无针对性，无法帮助盲人区别具体所在和需要达到位置的方位信息等。因此，公共空间盲道无障碍设计重点是注意识别性、保持连续性和信息提示准确性。首先，盲道颜色应与相邻地面铺地的颜色形成对比，并与周围环境相协调。按照国际统一标准，盲道的颜色要设计为黄色，我国规范规定是中黄色，因为中黄色比较明亮，更

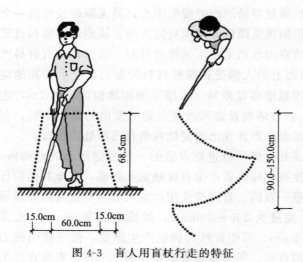
图 4-3　盲人用盲杖行走的特征

易被发现。但如果黄色与周围地面颜色较为接近时，就不能采用，而要选择一些能与地面材料形成强烈对比、亮度差别明显的地砖，使弱视者容易辨认。其次，禁止占用盲道，避免在距离行进盲道中心线两侧 0.45m（根据盲杖左右摆动幅度约 0.90m 而定，如图 4-3 所示）及净高为 2.1m 空间范围内设置障碍物。最后，提示盲道定位的准确性，即应在行进盲道的转弯处、交叉位置，地面有高差的位置，无障碍设施的位置设置提示盲道，确保盲道系统能真正合理使用。

总体而言，对于视力残疾者来说，除了形式、尺寸符合使用要求外，无障碍设施上的盲文、不同的材质设计区分等都可以由触觉来感知，同时语音信息提示也是必不可少的。

4.1.2　刺激感觉器官的展示性策略

文化类公共建筑中特别是博物馆、美术馆，展示活动是其重要的一个组成部分，健康人群观展以视觉方式为主，再辅助以聆听、触摸、互动等各种体验相结合的方式扩展信息接收渠道，实现多角度、全方位地观展。对于有视觉、听觉障碍的人群而言，则主要通过感官代偿的方式来加强其对信息的准确理解。

（1）加强视觉对比的展示设计

在展示空间中，由于弱视者难以看清文字和图形，而分辨颜色能力较弱的色盲者具有更强的明暗感觉的分辨能力，所以放大文字、加强主体内容与背景环境的对比度是非常重要的，具体包括以下内容。

① 展示设计和标识设计中，图形与背景界限清楚、反差明显；图形宜闭合完整、简洁易懂；图文标识的亮度、对比要大，应多采用提亮图文标识和压暗背景的组合方式，亮度越大，可识别性越好，不同的亮度水平应选择不同的色彩组合。

② 合理的色彩规划，各分区域进行色彩环境设计形成色彩对比的识别性。在展示设计和标识设计中，既要增强主体内容和背景的色彩差别，又要协调统一所在区域的整体环境色彩。选择颜色的时候，要实际考虑所处环境对于色觉的需求，如情感、心理等。除此之外，还可以使用一些元素如形状、位置、图像等作为辅助颜色的组合，这样也可以照顾到色盲观众的视觉分辨需要。

③ 照明应注意不同功能分区的照度要求，结合一般照明、局部照明等不同方式，创造良好的照明条件。如加拿大温哥华哥伦比亚大学人类学博物馆（UBC Museum of anthropology）展厅内通过照明将展品的形状、色调和质感显示出来，使展品比背景更为明亮而突出，给人强烈的印象，但整体上看不会过于强调而失去展品和背景的协调（图 4-4）。

图 4-4　加拿大温哥华哥伦比亚大学人类学博物馆展示设计的照明对比效果

（2）视、听、说相结合的展示设计

在展示设计中，视觉表现与语音信息并用的效果对视觉障碍者和听觉障碍者而言是非常好的。德国卡塞尔市的施波尔音乐博物馆（German Kassel CitySpohr Music Museum）是德国第一座"无障碍音乐博物馆"。该博物馆设置了一个由各种特殊类型的鼓做成的装置，并把德国著名的作曲家路易斯·施波尔的曲子转换为低频振动并传送到鼓上。由于每个鼓面发生振动所需要的音频不同，使这套装置能以振动的方式来体现交响乐的复杂旋律，听觉障碍者因此能够通过鼓面的振动来感受音乐。另外，视觉信息也能帮听觉障碍者欣赏音乐。在博物馆的视觉小组中，研究人员播放了指挥家指挥交响乐时的肢体动作，充满律动和节奏感的肢体语言体现出指挥家对于音乐的理解，有助于听觉障碍者欣赏音乐。研究人员还把演奏时的振动传到水缸里，辅以水面的振动来体现交响乐。此外，博物馆可以采取不同的措施来照顾残疾人的特殊需求。如解说仪器应当照顾不同类型的助听器；在有导游带队时光线充足，让听觉障碍者能够顺利读唇语；导游应该携带书写工具，以便与听觉障碍者进一步交流。

20 世纪 90 年代开始，美国兴起的口述影像服务（DVS）是一种非常好的为视觉障碍者服务的方式。DVS 是指通过口语或文字叙述解说影像信息，协助视觉障碍者克服生活、学习和就业环境中各种影像障碍的专业服务。博物馆可以借鉴口述影像解说方法，同时配以模型、凹凸板等触摸服务及体验活动，增加有声出版物、盲文出版物的宣传册、游览图等类型，让视觉障碍者有一个完美的参观视听体验。

（3）可触摸式的展示设计

对于视力残疾者来说，仅仅从去"听"获得信息还是不够的，还应充分发挥他们的"触觉"感知通道，提倡"可触摸式"展览。这样不单对残疾人士，对正常人来说，也增加了与展品互动的环节。如使用盲文，或是提供复制模型让人们触摸感知。希腊雅典有一座"触觉"博物馆，向盲人提供"触摸展品"的参观方式而受到盲人好评，同时也引起社会的广泛关注。该馆对每件展品都作出了以希腊盲文撰写的注释牌，并给每一个外国游客发放有英语解说词的耳机。此外，博物馆还开设有关于 2004 年残奥会的专门展室，将雅典的地图、名胜以及各项赛事时间表都展于其中，方便外国游客尤其是盲人游客对雅典进行集中而全方位的了解。

（4）激发其他感官功能的展示设计

激发其他感官功能是指信息通过嗅觉和味觉等不同于视觉的认知方式进行传达。嗅觉是指通过物体散发的气味远距离的感官反应认知；而味觉是通过舌尖的品尝近距离的感官反应认知。人类对嗅觉和味觉的认知很大程度上依赖于先前的记忆经验，在与头脑中存储的信息匹配后获得对事物信息的主观判断。嗅觉和味觉具有一种情感的特性，能够唤起人们的记忆力。比如生物博物馆植物展示使用嗅觉盒，即按动不同的按钮可以闻到不同的味道，同时配有相应的图片和声音提示，从而使视觉障碍者获得相关的体验。

根据听觉障碍者观展需求，博物馆应提供有关展览信息的解说稿，并提供手语讲解。如美国加州奥克兰博物馆就对员工进行手语培训，以备不时之需。如果人力、财力无法满足的情况下，博物馆可以招募志愿者为听觉障碍者提供服务。在德国，听觉障碍者的手语已经作为语言的一个种类而进行研究；不只是听觉障碍者要学习手语，那些与听觉障碍者接触比较多的人也需要学习手语，以便与听觉障碍者更好地交流，进一步为其服务，促进手语的发展。另外，可视的手语电话、助听器等无障碍电子设备可以帮助听觉障碍者与他人交流；视听室和观演厅在播出视频节目时应当添加字幕，条件允许可以播放带有手语翻译的节目；出版发行的宣传制品应当配备同声字幕。

4.1.3 提高使用效益的操作性策略

无障碍设计的可操作策略就是要求包括残疾人在内的所有人，都能够简单、方便地操作和使用公共环境中的各类设施。公共设施要满足所有使用者包括肢体残疾人的身体尺寸和行为特征的特殊要求，并且减少他们对其他人的依赖性。公共设施如休息座椅、门、电梯、楼梯、电话、扶手、洗手间、服务台、饮水器、售票机、轮椅席位及厕所等，在形式及尺寸上均需满足肢体残疾者及步行困难者等群体方便使用的要求。

无障碍设施的设计属于工业产品设计范畴，因此提高设施使用效益也是工业产品设计领域一直在研究的议题。20 世纪 80 年代，德国的产品设计标准以"功能主义"为核心，当时德国工业设计评议会提出七项设计标准，包括：充分表明人机间的关系；造型和选用的材质合宜；与造型相配合宜；与所在环境有所关联；造型的目的与操作者产生的感觉相符；表达功能的造型和其结构相符；保持造型概念的一致性。20 世纪 90 年代开始，在保持原有的功能主义内涵外，更显著地倾向对人性的关注。如德国斯图加特设计中心提出十项设计标准，包括：人性的尺度；造型和其潜在表现力的一致，即产品便于操作或使用；操作时使用者受到免于受伤和危险的保护；选用的材质具有意义，达到预期要求；产品色彩与它所在的工作环境相合；产品功能通过简易的操作就能展现；目的和适用范围被明确地认知；标识所运用的色彩经过通盘考虑；在达到使用年限后产品的回收处理符合环保的要求；选用了满足产品自身要求且制作成本较低的材料。

美国著名认知心理学家、工业设计家唐纳德·A.诺曼从认知原理角度归纳了易理解性和易使用性的设计原则，包括产品的概念模式、可视性、自然匹配、反馈和限制因素等，具体内容如下。

① 产品的概念模式　包括设计模式和用户模式，前者是设计人员所使用的，后者是用户在与系统交互作用过程中形成的。设计人员希望用户模式与设计模式完全一样，但问题是，设计人员无法与用户直接交流，必须通过系统表象这一渠道；系统表象是基于系统的物理结构，如用户使用手册和各种说明、标识。如果系统表象不能清晰准确地反映出设计模式，用户就会在使用过程中，建立错误的概念模式。因此，设计人员提供给用户一个正确的概念模型，使操作按钮的设计与操作结果保持一致，帮助用户预测操作行为的效果，从而使

操作更便捷有效。

② 可视性　是指用户一看便知物品的状态和可能的操作方法。可视程度高的设计，用户意图、操作步骤和操作结果之间的关系十分具体、明确，如多媒体设施的每一个按钮（控制器）都有适当的位置，且一个按钮只有单一的功能，控制和被控制之间建立了良好的自然匹配关系，因此信息反馈清晰、快捷，整个系统易被使用者理解。

③ 自然匹配　是指利用物理环境类比和文化标准理念，设计出让用户一看就明白如何使用的产品，即用户可判定操作与结果、控制器与其功能、系统状态和可视部分之间的关系。

④ 反馈　是指向用户提供信息，使用户知道某一操作是否已经完成以及操作所产生的结果。设施使用过程及结果的信息反馈对所有使用者来说都有意义，信息反馈有助于使用者即使是第一次操作某设施也能获得提示帮助而较方便地使用，否则会需要更多摸索和学习的时间。

⑤ 限制因素　物品的自然限制因素和预设用途可以反映该物品的可能用途、操作程序和功能。限制因素包括物理结构上的限制因素、语意上的限制因素、文化上的限制因素和逻辑上的限制因素。物理结构上的局限将可能的操作方法限定在一定的范围内。语意限制指利用某种情况的含义来限定可能的操作方法，依靠的是使用者对现实情况和外部世界的理解来提供有效且重要的操作线索。文化因素限制是指利用被人们接受的文化惯例来限定物品的操作方法。当物品组成部分与受其影响或对其有影响的事物之间并无物理或文化准则时，就应在设计中充分运用其存在着空间或功能上的逻辑关系。

上述这些设计标准、原则亦可作为提高公共建筑无障碍设施如电子导览系统、游艺互动设备等使用效益的策略，有利于增加老年人、残疾人、儿童等人群使用的方便性，从而提高设施使用率、便捷性和安全性。

4.2　保障使用者活动无障碍的设计原则

无障碍设计是基于创造满足老年人、残疾人、儿童和其他人群能在公共建筑中，独立进出、通行、阅读、观展和操作设备等行为活动的无障碍环境为目标。综合分析文化馆、博物馆等公共建筑中人们的活动路线和其心理特点等方面，文化类公共建筑无障碍设计原则应包括四个方面，即活动路线安全便捷、展示观演体验丰富、公共服务易达可用、标识系统易于识别。

4.2.1　活动路线安全便捷

活动路线是满足人们行走无障碍的重要方面，主要范围包括建筑出入口、室内交通通道和设施，包括楼梯、电梯、坡道，以及各功能空间如阅览、展示、教室、报告厅的出入口及其内部交通通道和设施。

(1) 通用设计原则

活动路线设计应布局合理，具有明确的功能分区，如展示区、休息区、如厕区、购物区等，交通流线简洁，通道及使用空间尺寸能满足包括残疾人在内不同人群的行为习惯和活动要求，并具有较强的可识别性。疏散通道容易寻找，且疏散距离应满足疏散时间要求，尽量避免空间的无导向性和交通流线的烦琐难辨。

（2）评价指标

① 建筑出入口　出入口无障碍设计重点是保证建筑室内外无障碍通道的连续性，是让行动不便的人群如轮椅使用者、推婴儿车的人能独立进出而无需借助人工服务的帮助。

根据我国《无障碍设计规范》（2012 年）规定，无障碍出入口类型包括平坡出入口、设有台阶和轮椅坡道的出入口、设有台阶和升降平台的出入口三种。当建筑主要对外出入口设在二层或地下一层时，一层至少应有一个以上出入口符合无障碍设计要求，同时还应设有无障碍电梯可直达二层出入口处。供残疾人使用的出入口若单独设置时，应设在通行方便和安全的地段，并有无障碍标识。出入口及门厅地面应采用防滑且表面凹凸少的材料，接缝处不要使拐杖或轮椅轮子被卡住，避免使用满铺的厚地毯。另外，无障碍出入口处应设提示盲道，导向盲道应和城市或建筑基地内的人行盲道连接起来，设置音响装置如提示铃等，如图4-5 所示。

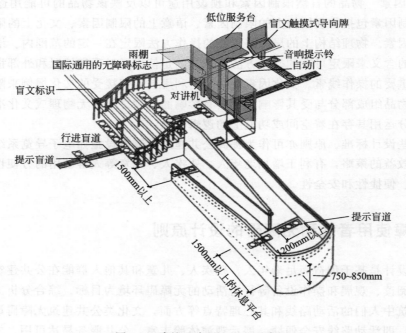

图 4-5　建筑无障碍出入口示意图

无障碍坡道一般是直线形、L 形或 U 形，不宜设计成圆形或弧形。出入口轮椅坡道净宽应大于 1.20m，地面平整、防滑；临空侧设安全阻挡措施。

其他相关评价指标如台阶、扶手、门、升降平台等设施的无障碍设计参见我国《无障碍设计规范》（2012 年）的具体内容。

② 室内公共交通空间　水平交通设计原则是：室内地面应平整、防滑，走道和门的宽度应便于轮椅使用者通过；无障碍通道照度适宜、墙壁上安装连续的扶手，有充足的休息空间；引导信息准确明了，形成清晰便捷的路线，避免活动流线重复交叉；关键是保障无障碍通道的畅通无阻。

我国规范对无障碍通道范围没有明确规定，以博物馆为例，依据观众活动功能区的范围，博物馆室内无障碍通道应包括：门厅、公共走廊、走道等公共交通空间以及展厅、陈列室、报告厅等功能空间内的走廊、走道。

无障碍通道应连续、无高差（有高差时应设置轮椅坡道或升降平台）。其通行净宽应满足轮椅使用者通过，我国现有规范要求是：室内走道宽度不应小于 1.20m，人流较多或较集中的大型公共建筑室内走道宽度不应小于 1.80m；检票口、结算口轮椅通道宽度不应小于 0.90m；满足轮椅回转的空间直径为 1.50m。室内无障碍通道在墙面、柱面的 0.60～2.00m 的高度内不应设置突出墙面大于 0.10m 的装饰物。因为，从墙上突出或从高处悬吊下的物体对于有视力障碍的人而言很难避开。室内装饰装修中突出物是指有关设施和装饰物，在室内装饰装修设计中可把突出物布置在凹进的空间里或把它们设置在距地面高度不大于 0.60m 的靠近地面处，即处于手杖可探测的范围之内，避免伤害。

水平交通有时会让首次进入建筑而不熟悉环境的人觉得迷茫，设计师可通过一些细节设计提供信息反馈，帮助他们顺利到达目的地。如通过地面、墙面颜色、材质等方面的变化使不同的路线与功能区域形成对比；指引人们沿着一条路径行走的照明系统；在功能空间分区的边界处改变地面材料；设计有触觉方向点的栏杆或扶手；设置包括文字与触觉两种形式的示意图等。

另外，阅览、展示、观演等功能区的出入口和通道的无障碍设计是保持完整无障碍流线的重要环节，不能忽略。比如视听区（或报告厅）面积超过 $50m^2$ 或经常停留人数超过 15 人时应至少设置 2 个疏散门，独立对外设置的出入口应符合无障碍设计要求；场地条件不允许时必须满足至少有一个无障碍出入口及无障碍通道和视听区相连，即满足行动障碍者能独立进出视听区，且通道长度不宜大于 30m。视听区内供人们行走的主要廊道应符合无障碍通道设计要求，地面平整、防滑，不宜设计醒目的图案和厚地毯，方便轮椅使用者通行；同时应充分考虑到轮椅使用者进出舞台和后台的需要。

垂直交通设计原则是：便于人们活动的连续性和顺序性，满足所有人都能够独立地到达公共建筑对外开放区域的每一层楼；对于不能或者不想使用楼梯的人，应提供坡道或电梯，使其能通过任何有高差变化的地方。垂直交通的设备应当安全、容易使用和操作。楼梯、电梯和自动扶梯的位置可以通过合适的标识而清晰地识别，当某人不能独立操作设备时，应有相关工作人员及时提供帮助。室内楼梯是垂直通行空间的重要设施，不仅要考虑健全人使用要求，而且应满足老年人、残疾人等行动不便者的使用要求。楼梯应靠近出入口，踏步起止点处应设提示盲道，楼梯净宽不小于 1.20m。楼梯扶手宜为双层扶手，方便儿童使用。专为残疾人使用的楼梯不应采用无踢面的临空踏步，防止拄拐者上楼时拐杖滑出踏步。

供残疾人使用的无障碍电梯入口处应设提示盲道，轿厢尺寸及电梯门宽度应满足轮椅使用者、视觉障碍者等残疾人独立进出、操作使用方便的需要。在轿厢内安装扶手、镜子，设有楼层标识、低位选层按钮、报层音响装置、盲文标识，并在电梯厅的显著位置安装国际无障碍标识等，如图 4-6 所示。

③ 消防安全疏散通道 无障碍设计还应采用适宜的设计策略和提高管理服务水平，以保证所有人在发生意外和危险时能够安全疏散。这里消防安全疏散路线及措施和前文分析的交通空间部分及后文有关无障碍服务、标识导向的内容会有重复，但相关要求必须予以强调。结合我国相关建筑消防设计要求和德国柏林轮椅使用者疏散条例规定，归纳如下。

首先，要保证至少有两个独立疏散通道，避难区应该能够直接到达疏散楼梯或出入口处；在关键位置应当有清楚的说明和直接的标识，提醒人们在紧急情况下的疏散路线和安全撤离措施；出入口的设计应有适当的宽度、运行机制和操作空间，大门应向外即疏散方向开

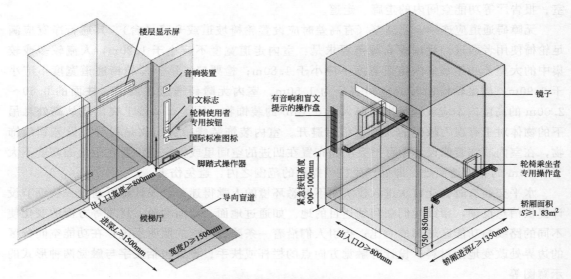

图 4-6 无障碍电梯候梯间及轿厢示意图

启；馆内应设置灭火器；当火警警报激活时，安全保险系统应能自动操控任何电子门和控制系统。

其次，考虑设置额外的装置措施，包括视觉信息、声学信息、可触式信息等帮助轮椅使用者、视听障碍者在没有他人的帮助下也能独立逃脱。如为失明或视障者提供可对比和触摸的地图、逃生路线图，为聋哑人安装电子信息显示牌、光信号等。

最后，最有效和人性化的做法是，对工作人员专门进行帮助残疾人紧急疏散的相关培训，这比让残疾人自己疏散更安全、有效。

4.2.2 展示观演体验丰富

展示观演的无障碍是指满足人们在展厅、陈列室、视听室等展示观演场所观看、聆听、操作、互动等无障碍活动，设计重点是在功能上应满足肢体、视力、听觉障碍者的不同参观需求，提供多方面的信息渠道的传播，从而丰富观众参观学习的经历和感受，如目前多数展演建筑中的耳麦讲解系统、盲文说明系统、触摸观演系统等。

(1) 通用设计原则

① 空间布局 根据展示区设计原则，陈列形式和内容应满足不同的参观路线要求，路线简洁、明确，防止逆行和阻塞。同时考虑到展出的灵活性，满足观众全部参观或局部参观的不同需求。展示区与服务区应有直接联系，方便观众进入与疏散；展示区的陈列室之间的空间组织应保证陈列的系统性、顺序性、灵活性和参观的可选择性。专为视觉障碍者布置参观的特殊展厅应注意该展厅位置应尽量靠近建筑出入口，减少通行长度，从建筑出入口到该展厅入口处应设置连续的盲道。

展示区环境一般都要求相对安静，而视听区播放影视资料则必然要有声音，因此视听区的室内设计既要有良好的声学效果，又应对墙面、顶棚、门窗等构造采取隔声、吸声等措施，不与展示区的参观环境发生冲突，不因音响效果而影响整个展示区的环境和气氛。视听区设计还应减少环境光反射，座椅布置应考虑视线设计并预留残疾人的轮椅席位。观众厅面积超过 200m² 或观众容量超过 300 座的报告厅、影院、剧场等视听场所的设计应符合《剧场建筑设计规范》（JGJ 57—2016）的相关要求。

② 展线设计 展示区应根据展示主题、内容进行空间划分，分合有序、分区有度，形成有秩序和逻辑性的展示结构和人流流线。博物馆展示区的室内净高宜为 3.5～5.0m（有工艺、空间、视距等方面特殊要求的除外），供观众行走的交通空间应按无障碍通道要求设计，最小净宽应不小于 1.20m，且无障碍通道应连续、无高差。地面应采用耐磨、防滑、易清洁的材料；有条件时可选用有利于减轻观众步行噪声的铺地材料。当展厅、陈列室面积较大时，室内宜有相应的吸声处理。每一陈列主题的展线长度不宜大于 300m，避免观众产生疲劳。一些独立大空间的展示区应布置休息座椅。根据空间结构关系展示区内设置适当的视觉中心，以提升观众注意力。

③ 展示形式 展示形式应多样统一、主次分明，并根据观众的参观心理和视觉疲劳规律，安排多媒体演示、场景复原等展示亮点，激发观众探知欲，引导他们逐一了解展示信息的具体内容。适当安排大量占据空间的，诸如情景再现等展示项目，突出强调观众的真实体验。

根据视觉功效原则进行展示设计有利于减缓观众视觉疲劳感，提高观赏质量。研究表明，通常情况下眼睛沿水平方向运动比沿垂直方向运动快而且不易疲劳，一般先看到水平方向的物体，后看到垂直方向的物体；视线的变化习惯是从左到右、从上到下和顺时针方向运动；当眼睛偏离视中心时，在偏离距离相等的情况下，人眼对左上限的观察最优，依次为右上限、左下限，而右下限最差。当然，在陈列展览中，陈列形式不会千篇一律，陈列物品的大小、形状也是各不相同的。但是，人的眼睛观察物体的视域角度却是固定的。《建筑设计资料集 4》（1994 年出版）中指出：两眼同时看物体时形成的双眼视距大约在 60°以内；而字母识别范围为左右 20°，该区域内为理想的视觉区。另外，人在站立和坐着时视线有微小的变化，站立时自然视线大约低于水平线 10°，坐着时约为 15°；在很松弛的状态中，站立和坐着的视线偏移都很大，分别为 30°和 38°；观看展品的向下的最佳视区在低于标准视线 30°的区域内。

有学者研究认为根据通常陈列展览版面的测算，理想的布展高度范围在距室内地面0.80～2.40m 之间。但这都是以我国健康的成年人身高为依据，综合考虑儿童、乘轮椅观众视线特点及范围的设计依据缺乏参考标准，因此应通过实验测量坐轮椅时舒适观展的视距，以图示分析法计算视角范围，并和站立者视角范围进行比较，从而获得同时满足站立观众和轮椅使用者视高降低时观看舒适的设计依据。

（2）评价指标

展示观演部分评价指标包括展示设施、展示说明、视听设施、轮椅席位和展示区、视听区的照明等。

博物馆中的展示设施是指用于文物及展品展示的各种设施、设备的总称，具有审美性和实用性两大功能，如展柜、展台、展架等。广义上讲，展厅、陈列室、视听室内的显示屏、电子触摸屏、多媒体互动等设施也属于展示设施。有学者指出，展示设施设计原则应该是简洁美观且和周围环境协调，便于操作安全合理，材料环保耐用，照明温湿度控制有度。

展柜是一种重要的展示设施，如图 4-7 所示。博物馆展柜的定义为："博物馆展厅内用于文物及展品展示的各种独立柜、通体墙柜、桌柜、壁挂柜等设施的总称。"目前国内尚未有统一的展柜设计和验收标准，不能对展柜的质量进行科学、系统而量化的评定。有学者提出展柜具有展示性、保护性、安全性和操作性四个功能要素；也有学者认为文物展柜设计包括协调性、耐用性、安全性、操作性、环保性、照明控制性能和环境控制性能七个方面。

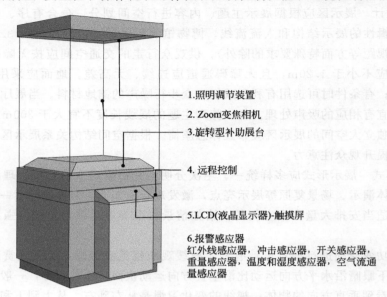

1.照明调节装置
2.Zoom变焦相机
3.旋转型补助展台
4.远程控制
5.LCD(液晶显示器)-触摸屏
6.报警感应器
红外线感应器，冲击感应器，开关感应器，重量感应器，温度和湿度感应器，空气流通量感应器

图 4-7　常见展柜功能图

展示设施无障碍设计原则应符合易达性和可用性。易达性也叫可及性，是指展示设施的设计及其安装位置应能方便乘轮椅者靠近，包括设施前的空间应符合无障碍通道、轮椅回转空间等设计要求。可用性是指展示设施应满足人们观看、聆听无障碍，其中设施的展示界面或操作使用界面的高度应满足儿童和乘轮椅者的使用；设施下部应留有供轮椅使用者膝部和足尖部的移动空间。视觉障碍者专用的展示设施应注意形式或色彩上的对比，增加设施本身的照明和放大标识字体等，设置音响和盲文提示，从而提醒人们的注意。听觉障碍者专用的展示设施应安装听力辅助系统，并使用国际听力损伤无障碍标识。

展示说明中的字体应造型简单明确，清晰易读，传达功能强。人们站在墙前阅读中英文文字时，每分钟不会超过一百字；边走边看的人的阅读速度会更低。研究表明，简洁明确的无饰线体字更具备阅读优势和节省空间。无饰线体字是一种字母末端没有短线装饰线的字体，所有起承转合的变化都是一样粗细（如图 4-8 中下边的字母所示）。而黑体字就是一种具有简洁无装饰、突出醒目特征的字体。当公共建筑室内装饰环境要求说明文字具有文化性、艺术性而采用隶书、行楷之类的书法字体时，应注意字体大小、比例、间距及其和背景的对比度关系等，文字内容不宜过长（除非文字本身就是艺术展品），生僻字应注有拼音。

图 4-8　饰线体字（上）和无饰线体字（下）

现代化的展示内容要求多种多样，知识载体也由单一的印刷型扩大到声像型、缩微型等新的类型。据研究证明，视听资料是人们交流信息的一种媒介，而信息最初来源于自然界形形色色的客体，它的基本因素就是声音和图像。人们是依靠感觉来获取信息的，在看、听、嗅、味、触五种感觉中，视觉和听觉占主导地位。吸收知识的比例上，视觉占 83％，听觉占 11％。视听结合可以充分挖掘大脑的潜力，通过各种感觉获得深刻的印象和长久的记忆，这要比单纯通过文字识别和大脑的理性思维，理解抽象的知识要直接、迅速得多。

视听设施是指在相对独立的视听功能区内满足使用者观看影像资料、动画、表演，以及聆听语音、解说等内容的重要设施。视听室、报告厅内采用固定观众席时，应在便于观看节目、紧急疏散的舞台和出入口附近设置轮椅席位。"轮椅席位"设计应符合《无障碍设计规范》（GB 50763—2012）的相关内容，同时应充分考虑到轮椅使用者进出舞台和后台的需要。并且应考虑为听觉障碍者配备同步传声助听器、字幕和复合式投影仪等设备，如图4-9所示。

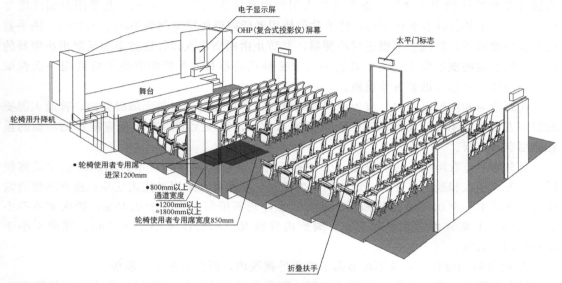

图4-9 报告厅无障碍设计示意图

4.2.3 公共服务易达可用

公共服务是指在建筑门厅、休息及餐饮区域、纪念品销售区域等服务空间内设置的休息设施、卫生设施以及为人们提供的相关服务措施。

（1）通用设计原则

从无障碍设计角度出发，公共服务设施应满足外观美观和环境协调，以及功能使用的公平性、安全性、舒适性和可持续性。专门针对有环境障碍的人使用的无障碍设施应符合无障碍设计原则，即易达性和可用性。需要注意的是，服务设施数量、设置位置应符合整体规划及彼此匹配使用流程的关系。比如在休息区或休息座椅的周围应设置垃圾桶，而垃圾桶的数量应与人流量及座椅的数量相匹配，太多会造成浪费，太少则会发生随意丢弃垃圾的行为，导致环境脏乱。卫生设施通用设计原则应包括以下四个方面。

① 厕所空间规划　厕所应设置在室内空间主要路线附近，服务范围内应有明显的指示牌。厕所出入口处应为无障碍通道，进门处应设置男、女通道，屏蔽墙或物。公共厕所的男女进出口，必须设有明显的性别标识，标识应设置在固定的墙体上。厕所出入口处宜在适当的位置规划等候线或等候起点供使用者排队，有利于维持厕所内如厕秩序，并可避免如厕者产生压迫感。厕所外部空间宜布置等候休息区或置物区、饮水区、哺乳室等，以利使用者等候，并提高外部空间利用效率。

公共厕所里应设无障碍厕位，或设置单独供老年人或行动不便者使用的无障碍厕所。另外，无障碍厕所内可加设婴儿尿布台、婴儿安全座椅、儿童马桶等，也可兼作亲子厕所，提高其利用率。

② 厕所间设计　公共厕所墙面应光滑，便于清洗；地面应铺设防渗、防滑材料；当室内外地坪有高差时应用缓坡连接。厕内单排厕位外开门走道宽度宜为 1.30m；双排厕位外开门走道宽度宜为 1.50～2.10m。

公共厕所内应设置洗手盆，相邻洗手盆间的间隙应不小于 65mm。宜设置低位洗手台，方便儿童和轮椅使用者使用。洗手盆成人用台面高度为 0.75～0.80m，儿童用台面高度为 0.60m，其净深应不小于 0.45m。洗手盆前使用者所需要的净空间应不小于 1.20m。洗手盆前方应设置镜子，但镜子不得正对小便器，并防止由厕所出入口处通过镜面反射出小便器的影像。洗手盆的洗手龙头、洗手液宜采用非接触式的器具，并应配置烘干机或用一次性纸巾、垃圾桶、紧急求助装置等设施。

在厕所间和厕位隔间内，应为使用者的出入、转身提供必需的无障碍空间，普通人需要的空间直径为 0.45m，轮椅回转空间直径为 1.50m，且该无障碍空间不应被其他功能的重叠使用空间占据。

公共厕所应有防蝇、防蚊设施。公共厕所的大便器宜采用具有水封功能的前冲式蹲便器，并为老年人和残疾人设置一定比例的坐便器。小便器宜采用半挂式便斗；独立小便器站位应有高度不小于 0.80m 的隔断板。通槽式水冲厕所槽深不得小于 0.40m，槽底宽不得小于 0.15m，上宽宜为 0.20～0.25m。厕所内宜设置一间长度不小于 1.50、宽度不小于 0.90m 的工具间。

③ 厕位隔间设计　厕位不应暴露于厕所外视线内，厕位之间应有隔板。

每个大便器应有一个独立的单元空间，划分单元空间的隔板及门与室内地坪的距离为 0.10～0.15m，隔板及门距离室内地坪的高度不小于 1.50m。每个大便厕位宽 0.85～1.20m，长 1.00～1.50m；每个小便站位（含小便池）宽为 0.70m，深为 0.75m。独立小便器间距为 0.70～0.80m。

坐便器便盆宜安置在靠近门安装合页的一边，便盆轴线与较近的墙的距离不少于 0.40m。洁具的轴线间和邻近的墙面的距离不应小于 0.40m。在有厕位隔间的地方应为坐便器和水箱设置宽 0.80m、深 0.60m 的使用空间，并应预备出安装厕纸架、衣物挂钩和废物处理箱的空间。每个厕位应设置坚固、耐腐蚀的挂物钩。宜在厕位隔间内提供 0.90m×0.35m 的行李放置区，并不应占据坐便器的使用空间。大、小便的冲洗宜采用自动感应或脚踏开关冲便装置。

④ 卫生设备　公共厕所应采用先进、可靠、使用方便的节水卫生设备。卫生设施在安装后应易于清洁。蹲台台面应高于蹲便器的侧边缘，并做 0.01°～0.015° 坡度。当卫生设施与地面或墙面邻接时，邻接部分应做密封处理。厕所应以自然采光为主，人工照明为辅。合理布置通风方式，每个厕位不应小于 40m³/h 换气率，每个小便位不应小于 20m³/h 的换气率，并应优先考虑自然通风。当换气量不足时，应增设机械通风。有条件时可采用单侧排风的空气交换方式。

（2）评价指标

① 服务设施　关于服务设施《无障碍设计规范》（GB 50763—2012）的相关要求是"设置低位服务设施的范围包括问询台、服务窗口、电话台、安检验证台、行李托运台、借阅台、各种业务台、饮水机等。低位服务设施上表面距地面高度为 0.70～0.85m，下部留有

宽 0.75m、高 0.65m、深 0.45m，供轮椅使用者膝部和足尖部的移动空间。低位服务设施前方应留有轮椅能够回转的空间，回转直径不小于 1.50m"。

公共建筑的家具及设备同样需要进行无障碍设计，以方便残疾人使用。只有合理、系统地配置无障碍家具等设备，才能避免残疾人发生危险，从而提高一座公共建筑的使用价值。家具和设备的安装必须要按照残疾人的行为特点和习惯进行，例如图书馆应设置宽间距书架和可升降阅读桌，多媒体触摸设施或者一些按钮等应设置在轮椅使用者的触及范围之内。相对于身体健康的人来说，肢体残疾者特别是轮椅使用者的上肢活动高度较低，因此，必要时应单独设置供残疾人专门使用的家具或设备。同样，轮椅使用者的触及范围有限，在设计这些设施时应充分考虑其高度和深度，如柜台的设施应留有高 0.65m、进深 0.45m 的空间。另外，应在柜台等处为老年人和下肢残疾者设置扶手、提供休息座椅等。在公共建筑的大厅内可设置平面图，而且要采用盲文等形式的文字，以方便视觉障碍者特别是盲人触摸。

为了使残疾人更好地参与活动，除了一些最基本的设施外，还要考虑服务设施无障碍。服务设施的无障碍最重要的是"以人为本"，应充分考虑视觉障碍者、听觉障碍者、轮椅使用者的需求。

② 服务措施　通过细心周到的服务措施，解决环境障碍者的需要，是无障碍设计人性化的重要体现。这方面欧美发达国家很多具体措施值得我们借鉴，比如，法国遗产理事会培训为残疾人服务的人员时，要求受训者自己利用轮椅或拐杖"参观"展览，以理解残疾人的需求和心理。英国盲人研究所 2007 年花费 2123.6 万英镑提供电视、文化和信息无障碍服务，英国有 1/3 的电影院提供"说电影"的服务。美国是文化无障碍服务的先导国家之一，20 世纪 70 年代就发起了"障碍与文化"运动，帮助多方面有障碍的人群享受博物馆的文化与艺术；1976 年，美国大都会博物馆就开始了残疾观众服务项目。

据此归纳我国文化类建筑宜提供以下几项服务措施：

a.提供语音电子导览系统；为老年人、残疾人或行动不便的人提供轮椅、婴儿车等服务；在阅览、展厅内准备老花镜、放大镜，以帮助视力较弱的观众。

b.为聋哑人提供有关展示主题的解说稿，提供助听器、手语导游等服务；提供有关建筑介绍、展览简介的盲文宣传材料，使用盲文说明牌。

c.主要出入口附近设置内部空间划分情况的触摸式平面导向图即盲文平面图；触摸式平面图处宜安装发声装置；旁边宜设有指示板，以方便轮椅使用者。

d.选择一定的展品或者复制一些模型让盲人触摸体验，对特殊展品可以佩戴手套。

e.运用多媒体系统为视听障碍者提供特殊的声音或画面服务，如配备盲人电脑提供盲文读物；对智力障碍者选择特定展品，提供特殊导游服务。

③ 卫生设施　厕所无障碍设计国内外研究及实践都比较成熟，结合《城市公共厕所规划和设计标准》(CJJ 14—2016)、《无障碍设计规范》(GB 50763—2012)、《博物馆照明设计规范》(GB/T 23863—2009) 等相关内容，综合国内外人性化公共厕所的设计实践，笔者总结公共厕所无障碍设计指标应包括公共厕所的无障碍设计、无障碍厕位、无障碍厕所、厕所里其他无障碍设施、照明的照度标准五项。

评价指标不仅包括我国现行规范的相关规定，还应重点突出公共厕所设置无障碍厕位和无障碍厕所的原则，以及增设儿童卫生设施的相关要求。

小型公共建筑因建筑面积较小，厕所面积也有限，为保证残疾人的生理活动得到正常满足，应配备空间较小的轮椅使用者专用的无障碍厕位，并考虑轮椅使用者进出及使用方便。

大型、特大型文化类公共建筑应设无障碍厕所，可供包括肢体障碍者、视力障碍者、孕妇、儿童等行动不便的人群使用，为提高无障碍厕所的利用率，内部最好设尿布台、儿童马桶等，从而扩大其使用范围。

无障碍厕所应设在门厅、休息厅等附近易于找到且使用方便的场所。厕所内卫生器具及设备、扶手、取纸器等宜与墙壁、瓷砖有不少于30％的亮度对比，方便识别。厕所内的污水管、垃圾桶及其他设施应放置妥当，不应随便弃在洗手盆下面，以避免对使用者造成障碍或有绊倒的危险。

评价指标应补充关于公共厕所内照明方面的评价指标。洗面盆正上方应设置照明装置，且台面照度应达到180lx以上。对于使用者而言，充足的光线方便使用者从事各种清洁行为。男厕小便器正上方设置灯具则可帮助使用者如厕时看得清楚，进而愿意更靠近小便器减少滴尿，对于清洁工作人员而言，照明装置有助于其看清楚脏污所在，方便清洁、查验。小便器正上方距墙面300～400mm处应设置达到地面照度为100lx以上的照明装置。照明装置可以选用照明排灯，筒灯或嵌入式灯具的设置数量应达到小便器数量的1/2，并且设置于两个小便器的隔板墙上方。厕所地面照度标准值宜为100lx。

另外，需要注意的是，对于历史性公共建筑的厕所改造，则不能完全按新建公共厕所设计标准执行，而是要细化设计要求。如2009年英国建筑法关于公共建筑无障碍标准中，对新建公共建筑中的无障碍厕所与改造建筑中的无障碍厕所提出了完全不同的尺寸要求：新建无障碍厕位至少1.5m×2m；而改造项目的无障碍厕位可以是0.9m×1.8m，如图4-10所示。

4.2.4 标识系统易于识别

(1) 设计原则

公共建筑标识系统的设计应符合规范性、系统性、易识性、艺术审美性和安全性等原则。

① 规范性 标识的设计和设置应遵循统一的原则，在整个标识系统中，表示相同含义的图形符号或文字说明应相同；同一区域内，同类标识的尺寸、设置方式和设置高度宜相同。

② 系统性 标识系统的整体化设计能使人们对公共空间环境、品质产生良好的印象，方便其形成连贯的知觉印象与辨识习惯，同时还有助于改善人们的心理感受。

如前文所述，标识系统包括位置标识、导向标识和游览标识三个部分，其中，导向系统是保持标识系统整体联系的重要环节。公共信息导向标识系统由三个相关联的子系统构成，即建筑出入口信息导向系统、室内交通信息导向系统和公共服务设施信息导向系统。首先，应保持同类别的标识设计时其信息的连续性、设置位置的规律性和导向内容的一致性。在室内空间节点位置（如出入口、路线上的分岔口和汇合点等）都应设置相应的导向标识，并应通过导向标识的设置，对所有可能的目的地以及达到每个目的地最短或最适合的路线进行引导。其次，应保证导向标识系统间导向信息的连续性，在考虑对系统内部导向的同时，还应提供到达该系统以及周边系统的信息。导向标识的连接、转换的设置应采用一致的规则。最后，在设计和设置某个具体标识时，应考虑其中的导向要素对整个建筑标识系统的作用和贡献，如提供有导向功能、反映整体环境的印刷品——建筑平面图等。

③ 易识性 标识应醒目，设置在易于被发现的位置，并避免被其他固定物体遮挡。标识

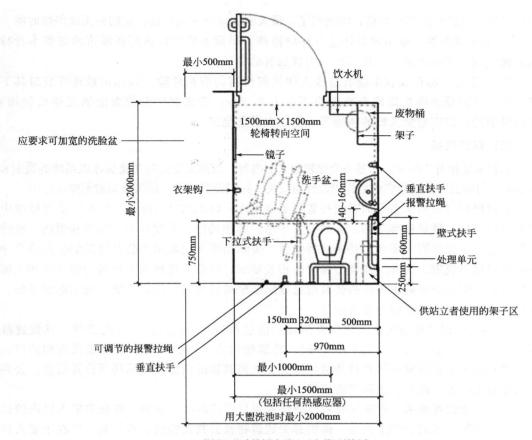

最小500mm

饮水机

废物桶

架子

1500mm×1500mm
轮椅转向空间

应要求可加宽的洗脸盆

镜子

洗手盆

垂直扶手
报警拉绳

衣架钩

壁式扶手

处理单元

下拉式扶手

供站立者使用的架子区

最小2000mm

750mm

140~160mm

600mm

250mm

可调节的报警拉绳

垂直扶手

150mm 320mm

500mm

970mm

最小1000mm

最小1500mm
（包括任何热感应器）

用大盥洗池时最小2000mm

(a) 英国公共建筑新建项目无障碍厕所标准

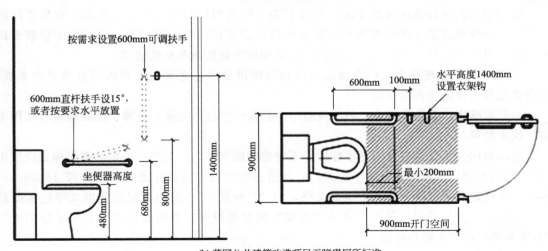

按需求设置600mm可调扶手

水平高度1400mm
设置衣架钩

600mm直杆扶手设15°，
或者按要求水平放置

600mm

100mm

坐便器高度

1400mm

800mm

680mm

480mm

900mm

最小200mm

900mm开门空间

(b) 英国公共建筑改造项目无障碍厕所标准

图 4-10　英国公共建筑无障碍厕所标准

如果在比较暗的室内环境中使用，应保证有足够的照明或使用内置光源。广告不应与标识混设，标识与广告应保持视觉上的分离。标识中符号和文字与其背景应有足够的对比度。应保证图形符号和文字的细节之间容易区分，保证标识与标识、标识与字体之间关系清晰。另外，为了避免拥挤、行走反向等现象的发生，能够让使用者在最短的时间内获取最有价值的信息，标识所提供的信息量应当少而精，清晰明了，最大限度地减少人们在标识前的无效停留时间。

④ 艺术审美性　标识的设计应与环境协调，尽量表现出建筑所在城市或建筑本身特有的文化气质与审美内涵，体现其展示内容独有的特征。

⑤ 安全性　标识设置不应有造成人体任何伤害的潜在危险。如标识悬挂安装时其下边缘距离地面的最小净高即净空高度应不小于2.20m；安装在中低位置能满足轮椅使用者、儿童辨别的标识应避免人们的碰撞等可能潜在的危险。

（2）评价指标

标识系统相对于展示设计是一个比较独立的内容，根据文化类公共建筑标识系统的类型和功能要求，归纳其评价指标应包括标识设计与安装、标识设置原则、标识照明和无障碍标识。

我国现行《公共信息导向系统设置原则与要求》（GB/T 15566.1—2020）系列标准中归纳了民用机场、铁路旅客车站、公共交通车站、购物场所、医疗场所、宾馆和饭店、旅游景区等范围的设置原则和要求，并未对博物馆、美术馆等文化展示类公共建筑的公共信息导向系统设置提出规定。参考其他类型场所的相关要求，结合文化展示类建筑功能分区和人流活动特点，归纳总结出展示场所的公共信息导向系统可分为展前标识系统、展示标识系统、展后标识系统，其设置原则与要求如下。

① 展前标识系统是为进入建筑提供展示信息和公共设施信息的导向系统，其设置范围为所有建筑物外部空间（含地下停车场）、建筑物出入口以及周边主要交通设施和路口。展前标识系统应包括自成一区并且功能相对独立的建筑物的信息和展示场所位置信息，公共设施信息应包括公共厕所、无障碍通道等。

a. 入口处设置要求　应在主要入口处设置醒目的建筑名称标识。宜在主要入口内的适当位置设置建筑分布的平面示意图，提供有关建筑物及公共设施的分布信息。应在主要入口内的适当位置，为专用出入口的建筑物设置导向标识。

b. 当设有独立售票厅时的要求　当设有独立的售票厅时应符合下列要求：在售票厅的入口上方应设置售票厅的位置标识，售票窗口应设置相应的位置标识；当有多个售票窗口时，售票窗口应编号。在售票厅内宜设置建筑规划平面图或参观路线图。

② 展示标识系统是为人们在建筑内活动时提供展示信息和公共设施信息的导向系统，其设置范围为建筑物内部空间。

a. 公共设施信息设置要求　公共设施信息设置位置包括楼梯、电梯、公共厕所和共用电话、饮水处等。

表示通用公共设施信息的图形标识，不宜带辅助文字，标识展示信息的图形标识应使用《标志用图形符号表示规则　第1部分：公共信息图形符号的设计原则》（GB/T 16903.1—2008）中规定的图形符号并易带辅助文字，如"1号展厅"。图形标识的辅助文字应根据具体情况确定，例如通用符号中含义为"电梯"的图形符号，根据实际情况其文字标识可为"专用电梯"或"无障碍电梯"。

当同一标识上既有展示导向信息又有公共设施导向信息时，两类信息应各自集中排列，且用不同的颜色区分或者两类信息间的间距大于同类信息间的间距。展示信息的提供方式和相关导向要素的设置应根据前台服务（如咨询、租借轮椅、语音导览系统）、观展、观演、休息、纪念品销售等主要参观环节综合规划。

b. 导向要素的设置要求　在需要的位置设施"禁止吸烟""保持安静"等图形标识（图4-11）。具有明确功能的区域应在其入口设置位置标识，如"××展厅""报告厅"。

建筑内可设置导向线，导向线的设计及设置应符合相关要求。导向线的起始点应是门厅、功能空间入口、楼层主要入口处和主要导向接点处。导向线的目的地宜是所在楼层内主要功能空间，如展厅或无障碍服务设施等。

 保持安静 Keeping silence 禁止吸烟 No smoking

图 4-11 "禁止吸烟""保持安静"等图形标识

应在出入口、功能空间入口、楼梯和电梯附近以及主要导向节点处设置平面示意图和信息板。平面示意图应给出建筑设施分布信息或是示意区域内主要展示信息和无障碍服务信息。

宜在售票大厅、展示大厅等设施入口附近，设置活动或参观流程图并给出主要活动的程序，如报告厅入口附近设置节目安排信息表等。

无障碍电梯内部和（或）电梯外部墙面的显著位置应设置各楼层的信息板，楼梯口附近应设置导向标识提供相邻楼层的信息，或设置包含上、下层和本层信息的信息板。电梯外部和楼梯口的适当位置宜设置本层平面示意图。应将电梯间和楼梯口作为本层的导向出发点，选择本层主要展厅或主要服务设施设置导向标识和导向线。

c. 服务区设置要求　服务台、咨询处等应设置位置标识，并宜根据需要设置导向标识。休息、餐饮、纪念品销售等服务区域应设置位置标识，且所在楼层应设置导向标识。

d. 展示、视听功能区设置要求　应在展示区的专用入口设置标识，如"瓷器展厅""书画展厅"。在需要的位置设置"禁止拍照"图形标识。在设计展示区的各导向要素时，可用区域标识色区分不同展示对象的展区，如适合盲人和视觉障碍者的"可触摸式展区"、适合儿童的"儿童涂鸦室"。

应从建筑入口处至报告厅入口设置连续的导向标识，并可设置导向线。报告厅的出入口或门厅应设置报告厅平面示意图或信息板，并应设置舞台、观众区和轮椅席位、消防疏散通道和出口的导向标识。

消防疏散通道和出口的导向标识及位置标识应保证室内光线不足和紧急情况下可见。

③ 展后标识系统　展后标识系统是参观完离开提供公共设施信息和交通信息的系统，其设置范围为所有建筑外部空间（含地下停车场）。

应在主要展示活动区的通道上设置所在建筑主要出口的导向标识，以方便人们活动结束后离开。

─── 本章小结 ───

综合考虑不同使用者的需求和相应的通用设计策略是满足存在环境障碍人群无障碍活动的重要前提。无障碍设计针对不同环境障碍类型，可有效地使用感官代偿的设计方式，即根据不同人群所受到的环境限制，综合考虑视觉、听觉和其他感官补偿的设计方式，包括优化通行能力的可接近策略、刺激感觉器官的展示性策略、提高使用效益的操作性策略。文化类公共建筑无障碍设计原则包括四个方面，即活动路线安全便捷、展示观演体验丰富、公共服务易达可用、标识系统易于识别。

第5章

无障碍设计法规与实践

5.1 国外无障碍设计法规与实践

无障碍设计始于20世纪50年代，在日本、美国等国家，人们开始注意到残疾问题，考虑并研究如何通过"无障碍设计"为残疾人除去存在于环境中的各种障碍。目前已有100多个国家和地区制定了有关残疾人的法律和无障碍技术法规及设计标准，各国政府在进行无障碍环境建设与改造的同时仍在不断探索，并延伸其内涵意义。西方发达国家的公共建筑无障碍建设是在国家法规支持与民众舆论的监督下，遵循明确的技术标准与工作程序，朝着适用可行、可持续的方向而发展。

5.1.1 以政府为导向的无障碍建设理念与实践

以美国为代表的北美与欧洲部分国家，主要形成了以政府为主颁布和执行无障碍设计标准，进行以满足人的需求为标志的无障碍环境建设理念与实践。

（1）美国

1961年，美国国家标准协会（ANSI）制定了世界上最早的一部建筑无障碍标准——《便于肢体残疾人进入的和残疾人可用的建筑和设施的美国标准说明》（American Standard Specifications for Making Buildings and Facilities Accessible to and Usable by the Physical Handicapped），为残疾人平等享用公共建筑、交通和其他服务的权利提供了法律保障。1968年通过的《建筑障碍法》（Architectural Barrier Act）是美国最早的有关无障碍环境的立法。1990年6月，国会正式通过《残疾人法》，进一步保障了残疾人的就业权利，增加了残疾人享有公共建筑、电话服务、公共交通工具和服务设施等方面的权利，为残疾人更广泛地参与公共生活提供了法律保障，也为建筑无障碍环境的实施开拓了道路。最重要的是《残疾人法》对所谓的无障碍设计只针对残疾人实行特殊化进行立法控制——对残疾人的无障碍设计发展成提倡人人平等的通用设计模式，既扩大了受众人群，又有别于原来的差别化设计，避免给残疾人群体带来压力，这对世界多个国家的法律制定产生了很大的影响。2010年美国司法部在《美国残疾人法案》第二篇和第三篇采用了新的《无障碍设计标准》，通篇体现了以人为本的通用设计理念；2014年发布了应急可移动住房无障碍指南的补充和最终指南的修正。

美国的公共建筑无障碍建设发展不仅有明确成熟的技术标准支持，而且有稳定的立法、司法和执法体系保障及政府资金保障和政策导向，使美国量大面广的各类公共建筑无障碍建设与改造通过完善的管理得到了较快的发展。美国无障碍环境实施重点是能体现残疾人顺利进入政府建筑、纪念性建筑和文化类建筑等，体现其社会政治参与热情和文化生活平等地位（图5-1、图5-2）。如华盛顿的国家级博物馆都设有为残疾人方便通行的入口坡道、电梯、专用厕所（图5-2）、室外停车场、观众席、适宜的饮水以及电话设施，还有各种商业、旅游、娱乐和医疗等公共服务性设施。

图 5-1　美国洛杉矶市政厅入口的轮椅坡道　　　　图 5-2　美国大都会艺术博物馆无障碍厕所

美国的无障碍环境是以"所有的人"为服务对象。如美国大都会艺术博物馆（Metropolitan Museumof Art）既有面向 1～3 岁的幼儿、小学生、初中生、高中生、成人、女性、残疾人、老年人等人群的各种"常规"活动，又有专门针对低收入者、少数族裔的项目，还专门安排在残疾学校、劳教所等特殊场所举办展览或讲座等活动。对不能来馆参观的病人、瘫痪者、高龄老年人等，博物馆用电话为其讲解博物馆现有展览或藏品。同时美国的文化类建筑非常重视教育功能，如为了适应公共教育的需要，当代美国几乎每家大、中型博物馆都设有教育部；现有 88% 的美国博物馆提供"K12"（即"从幼儿到少年"）教育项目，70%的博物馆在过去 5 年中增加了面向学校、教师和学生的服务；保守估计，全美博物馆每年共为学生提供 390 万小时的服务。美国的很多美术馆，开设了一些成人教育项目，以提高观众艺术鉴赏水平。如波士顿美术馆面向社会，全年提供成人艺术班、工作坊项目，该项目分为每周一次和每周两次不同的班次，课程包括素描、写生、丙烯画、油画、水彩画、版画、混合材料艺术、雕塑和其他。课程学习中由经验丰富的老师和职业艺术家进行指导，运用波士顿美术馆内世界一流藏品作为他们探索和创作艺术的灵感来源。美国的文化类建筑已经成为名副其实的第二课堂，各种层次的观众都有相当一部分正式课程是在文化类建筑的展厅、教室、库房、图书馆等地进行。

（2）加拿大

1965 年，加拿大制定了《残疾人建筑法规》，1982 年出版《无障碍设计、有生理缺陷者进入和使用的建筑》。加拿大的温尼伯市（Winnipeg）2001 年制定的《通用设计政策》是加拿大第一个通用设计策略。该城市许多市政设施建于 20 世纪 60～70 年代，人们要求不仅建筑和环境应安全和方便使用，其他如信息、通信和服务也应是无障碍的，而改造已有设施使其符合新的无障碍设计规范花费巨大，因此无障碍咨询委员会决定未来的重大修建和新建项目应从通用设计角度出发，减少后期改造的巨大费用。加拿大《新不伦瑞克人权法》（The New Brunswick Human Rights Act）中规定：人们享有进入工作场所、公共交通、学校、图书馆、商店、餐厅、酒店、剧院等场所的权利，企业和政府有义务使它们的设施更加方便使用。未能提供平等使用设施的场所是违反人权法的，人们可以对其投诉。这些法规比较完整地明确了加拿大在建筑及其环境建设方面保障残疾人无障碍活动的承诺（图5-3）。

(a) 加拿大温哥华某城市广场上的无障碍设计　　　　　　　　(b) 加拿大温哥华海滨大道的休息座椅

图 5-3　加拿大温哥华城市环境的无障碍设施

加拿大的无障碍设计强调对建筑内外环境的"整体设计"和"整体布展"。如加拿大哥伦比亚大学人类学博物馆（UBC Museum of Anthropology）对展厅、通道、前厅、休息厅和其他共享空间以及建筑、环境等进行整体化的统一设计，并布置相应的文物、艺术品和场景、造型及各种宣传品。有的还将藏品库房公开展示，使整个博物馆成为浑然一体的"整体展览"。另外，建筑内外均有大量的服务性设施设备，形成了人性化的环境和展示空间；同时普遍注重吸引观众参与，尽量与观众互动，组织观众针对展览进行创作、座谈、讲座，并采用了大量人性化设施使儿童观众也能轻松、舒适地参与此类文化活动中。

5.1.2　以福利政策为标志的无障碍建设理念与实践

以英国为代表的欧洲部分国家，主要形成了以西方福利社会的福利政策为标志的无障碍环境建设理念与实践。

(1) 英国

英国《残疾人反歧视法案》（Disability Discrimination Act，DDA）仿照《美国残疾人法》（Americans with Disabilities Act）编制，保障英国残疾人权利。2006年修订的《残疾人反歧视法案 Part 3 修正案》，将适应范围由部分重要的公共建筑扩大到所有公共建筑物及内外设施、私人俱乐部、运输工具等，对推动公共建筑无障碍建设起到了重要作用。该修正案还对销售商、出租者及业主都规定了新的责任与义务，将交通无障碍纳入规范是该修正案的一个重点。2010年，新修改实施的英国《平等法》更强调人的平等权利方面，进一步增加了为残疾人提供公共建筑无障碍等方面的内容。

1963 年，英国皇家建筑学会首次出版的《方便残疾人的设计》（Designning for the Disabled）成为英国最早的建筑无障碍设计标准；1967 年公布的《残疾人建筑无障碍标准》（Access for the Disable to Buildings）成为全国性的技术规范。2009 年颁布了《英国关于建筑及满足残疾人需求的建筑无障碍设计标准和途径：实践规范》（British Standard on Access—Design of Buildings and Their Approaches to Meet the Needs of Disabled People：Code of Practice），增加了许多公共建筑无障碍标准的内容。如增加了无性别、无障碍多用途厕所，将其建筑面积标准由 $7m^2$ 增加到 $12m^2$（3m×4m）。2004 年，英国建设部增加了技术指南无障碍 M 部分《建筑规范——M 部分的技术指南》（Building Regulations-Technique Guide Document Part M），内容不仅从肢体残疾无障碍规定扩大到视力与听力残疾无障碍规定，还对历史性古建筑包括博物馆的无障碍改造，如出入口改造成平坡出入口，室内台阶处增加提示盲道和升降平台、楼梯升降椅等设施，对保护型展品增加玻璃隔断等（图 5-4），提出了许多实事求是的规定，有效地方便残疾人、老年人等参观历史古建筑。

图 5-4　大英博物馆室内无障碍设施

另外，英国也非常重视为残疾人提供多种途径的展示服务，如英国泰特美术馆（Tate Modern and Tate Britain）于 1976 年举办的英国第一个重要的可触摸式展览，向有视觉障碍的观众介绍西欧现代雕塑。后来还又举办了"感觉的述说""超越表象""手的沉迷"等展览。1990 年，大英博物馆举办的关于古罗马城生活的展览"走向古罗马广场"，利用大量可触摸的雕像、陶器、铜器、壁画和播放音乐等方式为残疾人进行导游，营造一个生动的古罗马世界。

（2）德国

第二次世界大战后很多德国人由于战争的残害失去生活能力，为残疾人设置的基础设施也几乎不存在，然而当时最重要的事并不是改善残疾人的生存环境，而是如何恢复现代民主制度。20 世纪 50 年代，数千名德国儿童感染脊髓灰质炎，这场导致数以千计的家庭遭受了的灾难使"关怀残疾人"从空洞口号渐渐深入人心。

德国最早的公共建筑无障碍设计规范是 1973 年制定的 DIN 18024.B1《身体残疾者的公共设施》、B2《高龄者的公共设施》。德国立法规定，建筑或是其他设施如公共交通、信息系统、通信工具等设计要确保残疾人能够在无人帮助的情况下，毫无困难地使用。如德国慕尼黑机场设有盲人导向系统，触觉地图上采用对比强烈的信号色彩提高可读性，方便盲人和弱视人群使用。德国及其欧洲邻国曾经统计过，无障碍建筑对于10%的人口来说是必需的，对于40%的人口是必要的，对于100%的人口是便利的。

2002年德国颁布《残疾人平等法》后，绝大多数建筑法对公共设施的建造都提出了无障碍建设的规定，要求新建建筑把无障碍设计作为一项硬性指标纳入建筑设计中，从设计初期直至投入使用时都会以严格的设计标准衡量和监督。德国新建的建筑无障碍设计都作为必需的要素包含在内，如德国国会大厦、德国历史博物馆等公共建筑会提供多种语言翻译器来辅助参观。德国某艺术博物馆共10层，全部为无障碍设计，出入口可以满足任何游客、行动不便者或是推着婴儿车的父母进入，室内主要交通包括一个宽阔的坡道为行动障碍者提供方便，楼梯间内的玻璃电梯直通各个楼层，电梯里设有语音导航装置提示所到达的楼层。

近年来，德国不少地方在文物保护的立法中也强调无障碍设计，其历史建筑的无障碍设计也得到设计师以及委托方的重视。涌现出很多历史建筑无障碍设计改造实践的优秀案例，如柏林博德博物馆是在原有建筑（1897—1904年）基础上新建一个入口，用于举办临时展览，在不改变原有结构情况下又要达到无障碍设计标准，最主要的任务就是处理高度的差异和重建主入口。设计师引进了座椅电梯，升降平台可自动隐藏在台阶上，且游客可自己操控使用（图5-5）。此外，在入口处安装了旋转门驱动，方便观众通过使用自动按钮开门进入；室内安装了与楼梯平行的电梯；室外花园设置了一条新的入口通道，并带有电梯和残疾人休息室；在展区安装玻璃电梯，帮助轮椅使用者通往高层。

图5-5　柏林博德博物馆入口无障碍升降平台

另外，德国博物馆设计中还体现出对儿童的关怀，强调用合适的材料和方法为儿童创造一个舒适和安全的展览环境。同时，尽量激发儿童的好奇心和兴趣，使他们更好地从观看体验中获得知识。

德国也非常重视无障碍设计的教育工作，很多大学都开设了关于无障碍建设的研讨课程，为的是培养学生们掌握专业无障碍设计知识。总体而言，德国的无障碍环境建设水平处于国际领先地位，设计不仅具有艺术性，而且真正从使用者角度出发，注重以人为本与人文关怀。

5.1.3　以尊老护残为特征的无障碍建设理念与实践

以日本为代表的亚洲部分国家与地区，主要形成了东方以尊老爱幼护残为特征，管理类似美英的无障碍建设理念与实践。

日本是从1973年开始在全国推广无障碍环境的建设，其适用人群逐渐扩大到孕妇、老年人和小孩。日本的大阪府于1993年制定了《无障碍规定》（蓝皮书），是日本全国最早制定的一个地区。1994年开始，日本以法律法规的形式提出了建筑等设施的无障碍设计要求，相当大地推进了无障碍设计的实行。日本最初无障碍设计关注的多为残疾人群体，到20世纪90年代后期，随着无障碍设计扩展至通用设计，日本在无障碍环境建设和改造方面逐渐推广到为普通民众服务，使其能够满足所有人的需求。2006年，日本进一步将建筑与交通无障碍法规合一，更新出台了促进帮助老年人、残疾人顺利移动及设备使用的无障碍新法规。该法规扩大了适用的残疾人类型，将智力、精神、发育障碍等残疾人首次包括在内；扩充了适用范围与设施，将室外停车场、出租车等包括在内；扩大了重点改造地区，将公共建筑设施以外的地区首次包括在内；充实了软件政策，要求无障碍环境持续性的改善及建设爱心无障碍建筑等。另外，日本地方自治体推动无障碍建设的积极性比中央省厅要高，所制定的虽然是纲要和方针，很多属于计划内容，但是在当地执行效果很好。

日本公共建筑无障碍建设无论是新建还是改造都注重整体性和细节设计，如室内连续的双层扶手、分别设置高低位的饮水器等（图5-6）。

图5-6　日本某公共建筑室内无障碍设施的细节设计

日本地方自治体同时也注重区域环境内的无障碍建设发展。日本公共建筑无障碍法规标准与设计指南多参照美国，再根据日本国情进行数据修订。由于相关法规标准及大样图的规定十分清晰具体，技术标准严谨，因此日本无障碍设施能依据法规严格执行（图5-7）。

日本公共建筑无障碍改造项目注重细节，无论是新建还是改造项目，都详细标注技术要求，附有正确与错误的做法对比图，以及改造前后的对比图（图5-8）。

日本建筑的无障碍建设十分注重无障碍环境的整体性，且无障碍设施、设备齐全。如2006年以后，日本各个城市根据当地具体情况，依据标准规定的无障碍、无性别厕所设计要求和其参考图，实事求是地建设了各种无性别、无障碍厕所，且人性化的细节设计到位，如图5-9所示。

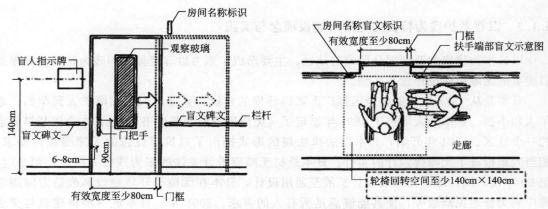

图 5-7　日本公共建筑无障碍法规标准具体参照图

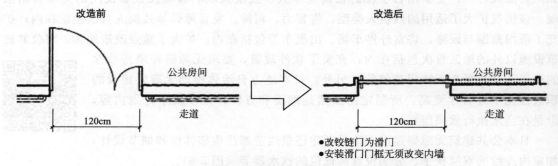

图 5-8　日本公共建筑无障碍改造前后的对比图

图 5-9　日本某公共建筑中无障碍厕所的细节设计

5.2　我国无障碍设计法规与实践

5.2.1　中国内地（大陆）地区

自改革开放到 2000 年这一时期，我国公共建筑无障碍环境建设进展缓慢，国家对残疾人主要关注点还是在福利制度的制定上。主要内容有：1982 年在《宪法》中指出"国家和社会帮助安排盲、聋、哑和其他有残疾的公民的劳动、生活和教育"；1984 年成立中国残疾人福利基金会，着手改善残疾人平等参与社会环境的工作；1985 年在北京召开"残疾人与社会环境研讨会"，发出"为残疾人创造便利的生活环境"的倡议。

自 21 世纪始，我国无障碍环境标准体系还不尽如人意，推进其进一步完善，已成为国家和地方政府的共识。特别是 2008 年北京奥运会、残奥会和 2010 年上海世博会的举办，推动了我国几个大城市无障碍环境建设的发展，形成了以国家标准为主导，地方标准实施细化的局面。最早是 1989 年实施的《方便残疾人使用的城市道路和建筑物设计规范》（JGJ 50—1988），2001 年修订为《城市道路和建筑物无障碍设计规范》（JGJ 50—2001），最新的是 2012 年颁布的《无障碍设计规范》（GB 50763—2012）。根据住建部专家统计，这一时期出台的地方标准，包括辽宁省、河北省、湖北省、广东省、内蒙古自治区 5 个地区，北京、天津、上海 3 个直辖市，大连、南京、苏州等 14 个城市和深圳特区。

现阶段，我国标准在公共建筑区域无障碍及无障碍流线设计等方面内容不够完整。现有公共建筑类型对无障碍设计制定的规范包括《民用机场旅客航站区无障碍设施设备配置》（MH 5107—2009）和《铁路旅客车站设计规范》（TB 10100—2018）。国家标准和地方规范中涉及的有比较详细无障碍设计内容要求的场所主要包括城市道路、广场、桥隧、居住区、公共停车场等外部环境和城市公共厕所、养老建筑等方面；其他人流量大、服务面广的公共建筑如办公、文化、展示类均没有制定独立、具体的设计规范细则。

笔者归纳汇总我国相关法律、规范和标准体系的建立与实施情况，如表 5-1 所示。

表 5-1　我国相关法律、规范和标准体系

时间/年	规范名称	制定或发布的部门	适用范围	备注
1988	《方便残疾人使用的城市道路和建筑物设计规范》（JGJ 50—1988）	建设部、民政部、中国残疾人联合会	城市道路包括非机动车车行道、人行道、人行天桥、人行地道、音响交通信号设置；建筑物的新建、扩建和改建设计包括出入口、坡道、走道、门、楼梯、台阶、电梯、扶手、旅客客房及宿舍、厕所及浴室、轮椅席位、停车车位、国际通用标识	行业标准，2001 年废止
1990	《中华人民共和国残疾人保障法》	全国人民代表大会常务委员会	在康复、教育、劳动就业、文化生活、社会保障、无障碍环境、法律责任等方面全面保护残疾人的权益，并规定逐步实行规范，采取无障碍措施	2008 年修订，补充"信息交流无障碍和保护残疾人的选举权"
1994	《城市居住区规划设计规范》（GB 50180—1993）	建设部	规定居住区公共活动中心设计无障碍通道	2018 年废止
1996	《中华人民共和国老年人权益保障法》	全国人民代表大会常务委员会	新建或者改造城镇公共设施、居民区和住宅，应当考虑老年人的特殊需要。建设适合老年人生活和活动的配套设施	2018 年修正
1996	《中国残疾人事业"九五"计划纲要》（1996—2000 年）	中国残疾人联合会	规定建设无障碍设施的任务与措施，逐步推进无障碍设施建设力度	
1998	《关于做好城市无障碍设施建设的通知》	建设部	要求新建城市道路、大型公共建筑和居住区时，必须严格按照《方便残疾人使用的城市道路和建筑物设计规范》规定建设无障碍设施	
1998	《关于贯彻实施方便残疾人使用的城市道路和建筑物设计规范的若干补充规定的通知》	建设部、民政部、中国残疾人联合会	提出《关于贯彻实施方便残疾人使用的城市道路和建筑物设计规范》需要补充和完善的内容，推进无障碍设施的有效建立	

时间 /年	规范名称	制定或发布的部门	适用范围	备注
1999	《老年人建筑设计规范》(JGJ 122—1999)	建设部	专供老年人的居住建筑,包括老年住宅、老年公寓、干休所、老人院(养老院)和托老所等老年人长期生活的场所以及以老年人为主要服务对象的公共建筑,如老年文化休闲活动中心、老年大学、老年疗养院和老年医疗救护康复中心等,都应为老年人使用提供方便设施	2017 年废止
2000	《民用机场旅客航站区无障碍设施设备配置标准》(MH 5062—2000)	中国民用航空局	旅客航站区前站前广场设施、旅客航站楼、客机站坪、无障碍标识与盲道	2012 年废止
2001	《无障碍设施建设工作"十五"实施方案》	建设部、民政部、中国残疾人联合会、全国老龄协会等十部门	提出"十五"期间无障碍设施建设工作的任务目标、主要措施,包括制定无障碍设施建设规划、法规和制度,加强对无障碍设施建设的管理,参加无障碍设施建设示范城、示范街和示范单位活动和加强无障碍设施建设的宣传和国际交流	
	《城市道路和建筑物无障碍设计规范》(JGJ 50—2001)	建设部、民政部、中国残疾人联合会	全国城市各类新建、扩建和改建的城市道路、房屋建筑和居住小区,以及有残疾人生活与工作场所的无障碍设计	2012 年废止
2002	《关于开展全国无障碍设施建设示范城(区)工作的通知》	建设部、民政部、全国老龄工作委员会办公室、中国残疾人联合会	全国设市城市人民政府均可申报全国无障碍设施建设示范城;直辖市人民政府可申报示范城(区)	
2003	《老年人居住建筑设计标准》(GB 50340—2003)	建设部	着重提出老年人居住建筑设计中需要特别注意的室内设计技术措施,包括:用房配置和面积标准;建筑物的出入口、走廊、公用楼梯、电梯、户门、门厅、户内过道、厕所、厨房、起居室、卧室、阳台等各种空间的设计要求	2017 年废止
	《上海无障碍设施设计标准》	上海市人民政府	上海市新建城市道路、公共建筑和居住建筑,改建、扩建的城市道路、公共建筑和居住建筑参照执行	国内第一部地方性无障碍设计标准
	《北京市无障碍设施建设和管理条例》	北京市人民代表大会常务委员会	北京市新建、扩建和改建公共建筑、居住建筑、城市道路和居住区内道路、公共绿地、公共服务设施的建设单位	国内第一部无障碍地方性法律
2004	《全国无障碍设施建设示范城市实施方案》	建设部、民政部、全国老龄工作委员会办公室、中国残疾人联合会		
	《全国无障碍设施建设示范城(区)标准(试行)》	建设部、民政部、全国老龄工作委员会办公室、中国残疾人联合会		
2005	《铁路旅客车站无障碍设计规范》(TB 10083—2005)	铁道部	车站广场、站房、站场客运建筑和标识	2018 年废止
2008	《中华人民共和国残疾人保护法》	中华人民共和国第七届全国人民代表大会	提出信息交流无障碍	

时间 /年	规范名称	制定或发布 的部门	适用范围	备注
2009	《信息终端设备信息无障碍辅助技术的要求和评测方法》（YD/T 1890—2009）	工业和信息化部	规定了语音识别技术、生物识别技术、语音合成技术、语音放大技术、屏幕阅读技术、OCR 识别技术等目前主流的信息无障碍的辅助技术，以及语音控制功能、声音转译功能、语音转换功能、视觉显示辅助功能、盲文显示功能、字幕功能、图示/图标功能、操作提示/反馈功能等辅助功能的技术要求等	国内最早关于信息无障碍方面的标准，2014 年作废
	《民用机场旅客航站区无障碍设施设备配置》（MH/T 5107—2009）	中国民用航空局	旅客航站区前站前广场设施、旅客航站楼、客机站坪、无障碍标识与盲道	
2010	《无障碍环境建设条例（征求意见稿）》	中国残疾人联合会、住房城乡建设部、工业和信息化部	包括无障碍设施、无障碍信息交流和服务等方面的建设。优先推进国家机关的对外服务场所；机场、车站、客运码头、医院、银行、大型商场、社区服务中心、公园、城市广场、旅游景点、公共厕所等公共服务场所；特殊教育学校、康复中心、福利企业、养老院等残疾人、老年人较为集中的机构；有无障碍需求的残疾人、老年人的居家环境等机构、场所的无障碍改造	
2011	《信息无障碍呼叫中心服务系统技术要求》（YD/T 2097—2010）	工业和信息化部	规定了呼叫中心信息无障碍服务技术要求，其中包括无障碍呼叫服务平台的构成、参考模型、服务类型、无障碍呼叫核心系统要求、普通呼叫中心要求、服务流程、安全性要求等	
	《信息无障碍语音上网技术要求》（YD/T 2098—2010）	工业和信息化部	规定了利用语音方式访问互联网的技术要求，包括语音上网服务系统结构、设备功能要求、VoiceXML 系统架构、语音标记语言格式、语音浏览器与语音服务器信息交互格式、语音服务系统安全性要求等	
	《信息无障碍公众场所内听力障碍人群辅助系统技术要求》（YD/T 2099—2010）	工业和信息化部	规定了公共场所聋人信息无障碍辅助系统技术要求，其中包括助听环路系统技术要求和闪光振动提示系统技术要求；适用于在公众场所建设的聋人信息无障碍辅助服务系统	
2012	《无障碍设施施工验收及维护规范》（GB 50642—2011）	住建部、国家质量监督检验检疫总局	新建、改建和扩建的城市道路、建筑物、居住区、公园等场所的无障碍设施的施工验收和维护	
	《无障碍设计规范》（GB 50763—2012）	住建部	全国城市新建、改建和扩建的城市道路、城市广场、城市绿地、居住区、居住建筑、公共建筑及历史文物保护建筑等	最新、现行国家无障碍设计标准

5.2.2 中国港台地区

(1) 中国香港地区

中国香港地区对无障碍设施建设非常重视，地铁、公路、公共设施和建筑物的无障碍设施比较普及。一方面香港残疾人保障政策比较健全，另一方面无障碍规范比较具体、全面。香港特区政府对残疾人事业投入较大，比如残疾人康复机构中每位残疾人每年（2007 年）能够得到 6000~7000 元港币的政府救济，除交纳一定康复经费外，还能得到 2000~3000 元的生活费。另外，香港社会志愿助残力量较强，促进了残疾人事业发展。比如在康复中心及精神病康复"中途宿舍"里，长期有志愿义工定时对精神残疾人进行"一帮一"的扶助，在生活上进行料理、在康复训练上给予扶助。2008年，香港屋宇署对早期的无障碍设计规范《设计手册：畅通无阻的通道1997》进行了修订，新版《设计手册：畅通无阻的通道2008》内容主要包括以下三个部分。

① 设计规定　观众席及有关设施；酒店、旅舍及宾馆；停车场；通道；斜道；下斜路缘；梯级与楼梯；扶手；走廊、门廊及小路；门；洗手间及厕所；浴室及淋浴间；标识；各类用途的建筑物内用以协助视力或听力受损人士的必须遵守的特别设计规定；公共咨询或服务柜台；照明；畅通易达洗手间内的紧急呼叫器；聆听辅助系统；升降机、显示及通告；自动梯及乘客输送带。

② 屋宇装备的设计规定　开关及控制器；火警警报系统；公共电话；遥控信号系统；垂直升降台；喷泉式饮水器。

③ 长者及体弱长者的设计指引　根据长者日常的惯性动作，提出相应的设计建议指导。

新标准和1997年的标准相比，一是更改了一些因含意不明确而容易引起争议的规定；二是放宽了一些没有必要的规定；三是增加了老年人所需设施的章节，即为老年人提供更健康安全的环境。另外，新标准对各类建筑物（根据用途分类）的附加辅助设施适用范围有具体说明，比如博物馆的附加辅助设施包括触觉点字及触觉平面地图、触觉引路带、视像显示板、畅通易达的公共问询台或服务柜、视像警报系统和聆听辅助系统。笔者调研时感受到：在比较健全的法制条件下，香港的博物馆、美术馆有效地执行了公共建筑无障碍设计建设与改造的标准，形成较好的公共建筑无障碍建设环境（图5-10）。

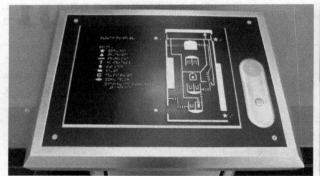

图5-10　香港地铁站大厅里的盲文地图标识和延续到无障碍设施前的盲道

（2）中国台湾地区

中国台湾地区很尊重残疾人，在称谓上称为"残障人"。中国台湾的城市无障碍设施建设起步比大陆早，1976年就规定了各项公共建筑及活动场所应设置便于残疾人行动的设备。早期台湾的无障碍设计规范主要参照日本标准，直到后来留美归台的建筑师和设计师逐渐增多，便开始综合两国的标准制订无障碍设计规范。比如台湾人民的身高、体形与日本人相近，因此坡道扶手的高度和手把粗细等是参考日本规格来制定；而无障碍厕所扶手的设计又是同时采用美国和日本的规范要求。美式的无障碍厕所是将扶手设置在便器旁边一侧及背后，便于肢体残疾者使用；日本则是将扶手设计在便器两旁，有利于脊髓损伤者较方便地使用；而台湾制定的无障碍设施规范则要求同时兼顾这两者需求，即无障碍厕所的扶手同时采用两种设计方式，如图 5-11 所示。

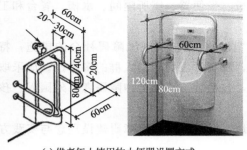
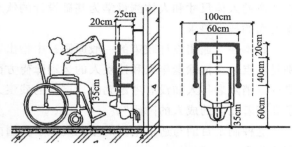

(a) 供老年人使用的小便器设置方式   (b) 供轮椅使用者使用的小便器设置方式

图 5-11 中国台湾无障碍厕所小便器的设置要求

  台湾地区注重创造方便于残疾人生活的环境，台北故宫博物院、中台禅寺等提供给游人参观的公共建筑物外都设有残疾人停车位，建筑物内设有独立的残疾人厕所、低位服务台（图 5-12）、电话等无障碍设施，举办专为老年人、残疾人服务的展示活动等（图 5-13），努力创造使残疾人平等参与社会生活的条件。

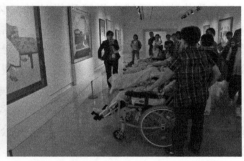

图 5-12   台湾机场低位服务台   图 5-13   为老年人、残疾人服务的展示活动

5.3   国内外无障碍设计法规的比较

5.3.1   无障碍环境考虑对象的差别

  我国《无障碍设计规范》(2012 年) 总则 1.0.1 条文中指出："为建设城市的无障碍环境，提高人民社会生活质量，确保行动不便者能方便、安全使用城市道路和建筑物，用以进行道路和建筑设计必须遵守的共同规则，制定本规范"。虽然"行动不便者"应包括视力残疾者、老年人、携带重物者、抱小孩的妇女等群体，但我国规范主要还是以肢体残疾的无障碍设计为主，缺乏考虑视力残疾、听力残疾、儿童等人群使用特殊性方面的无障碍设计要求。

  与此形成对照的是美国《无障碍设计标准》(2010 ADA Standards for Accessible Design) 在编制理念上全面考虑了人的主要残疾类型和人的需求，如在"新建和改建"的部分条文中有明确的表述："如果在为特定的残疾人（如那些使用轮椅者）提供符合本节的无障碍设计在结构方面可行时，为其他类型的残疾人（如那些使用拐杖者、有视力障碍、听力障碍或心理障碍的人）进行的无障碍设计仍应得到保证"。该标准还考虑了成年人和儿童不同的人体尺寸基础,"该技术要求是以成人的尺寸和人体测量学为依据的。此外,这份文件还包括了以儿童的人体尺寸和人体测量学为基础设计的饮水机、坐便器、厕所隔间、水槽、餐台和工作台面的技术要求"。

日本在《通用设计政策的一般原则》中指出:"直到现在,实现无障碍社会的措施,特别是重点放在消除老年人和残疾人的运动障碍方面,没有考虑到使用人群的多样性。应采取措施以消除老年人和没有考虑到的、广泛的残疾人,包括智障者和精神障碍者、外国人、孩子和带着儿童的成人的障碍"。

这种制定目的与适用范围的差距反映了我国内地与发达国家在无障碍建设理念与实践方面的差距。

5.3.2 无障碍设计内容的差别

我国的《无障碍设计规范》(2012年)按建筑物组成部分撰写。其条文目录是:"1.总则;2.术语;3.无障碍设施的设计要求;4.城市道路;5.城市广场;6.城市绿地;7.居住区、居住建筑;8.公共建筑;9.历史文物保护建筑无障碍建设与改造"。该规范适用于各类公共建筑,但缺少公共建筑区域内无障碍设计的具体细则要求,针对性和指导性不强。目前,我国公共建筑类型只有民航航站楼、铁路旅客站等一些交通类公共建筑编制了专门的无障碍设计规范。另外,我国创建无障碍城市对无障碍设施设置范围的要求还是比较全面和广泛的,包括公共建筑设施中的办公科研建筑、大中型商场、宾馆饭店、邮政电信、银行等商业服务建筑;文化馆、图书馆、科技馆、展览馆、博物馆、纪念馆等文化纪念建筑,影剧院、音乐厅、体育场馆等观演体育建筑,综合(专科)医院等医疗建筑,中小学、托幼园所、学校与城市广场、城市公园等园林建筑,室外公共厕所、加油站、高速公路服务区等;公共交通设施中的轨道交通、民用机场、铁路旅客车站、汽车站、客运码头等交通建筑;特殊设施中的特教学校、福利企业、康复中心、残疾人综合服务设施、老年公寓、老年人服务设施等;居住小区与居住建筑等公共建筑设施。

美国等西方发达国家各类公共建筑是指由国家、地方与个体投资的新建、增建、改造、购买、占用或租用,含租用20套及以上或临时占用20套及以上公寓的所有建筑设施。包括办公科研、商业服务、餐饮、医疗、文化纪念、观演体育、宾馆旅店、交通运输设施、学校、司法和管教设施、拘留和责罚设施、住宅、园林、公共用地、娱乐设施等。几乎每类都有专门的责任管理部门和对应的无障碍规范,如大学建筑、法院监狱建筑、儿童游乐场建筑、滑雪建筑、森林娱乐建筑等,形成了有法可依的整体无障碍环境。

首先,美国标准对其中的强制性条款都有明确的适用范围规定,不仅包括界定适用建筑物类别,而且包括在单体建筑物中的适用范围,如关于建筑物主要功能区无障碍的规定(见2010年美国司法部发布的《无障碍设计标准》中条款202.3.2和条款202.4)。标准明确无障碍通道必须连接厕所、电话及饮水设施,但例外的是:当建造费用超过20%时,主要功能区无障碍的规定可以失效。对于2010年版的无障碍设计标准,美国司法部特别举例说明:银行大厅就是建筑物的主要功能区,历史建筑主要功能区无障碍的明确适用范围见其详细条款等。美国标准几乎对其中每项条款都有明确的适用范围界定,我国规范则缺乏这种清晰的限定。

其次,美国标准按照人的行动路线与需求来撰写,而且涵盖范围广,设定内容详细:从新建建筑到交通、住宅,从室外场地到建筑构件和室内设备,从街区规划到特殊房间、空间和细部的无障碍设计都有规定。另外美国标准第二部分内容中提出"改造：历史性建筑"的无障碍设计要求。而我国2012年规范新增的对历史性建筑相关无障碍设计改造部分的规定很笼统，缺乏具体指导细则和实施依据。

最后，西方国家无障碍规范强调了无障碍路线的重要性，如美国标准具体的条文包括对于室内外无障碍路线的相关规定，具体内容如下。

① "行走路线"（path of travel）包括一条连续的没有障碍物的道路供行人行走，能靠近、进入和离开改造后的区域，并有一个外部出入口（包括人行道、街道和停车区）连接改造后区域，能方便使用设施以及休息、电话、饮水等服务区。"无障碍游览路线"（an accessible path of travel）由人行道，缘石坡道，其他室内外人行坡道，连接门厅、廊、房间和其他改造过区域的无障碍通道，无障碍停车、电梯和升降梯等组成。"无障碍路线"（accessible routes）是由行走表面倾斜度不超过1∶20的坡道，以及门道、坡道、电梯和自动扶梯等中的一个或几个部分组成。

② "行走区"最小宽度为915mm，当轮椅使用者面临180°的转弯空间且转弯处水平遮挡物宽度小于1220mm，转弯处的最小深度为1220mm时，最小宽度为1065mm；转弯处的最小深度为1525mm时，最小宽度为915mm（图5-14）。

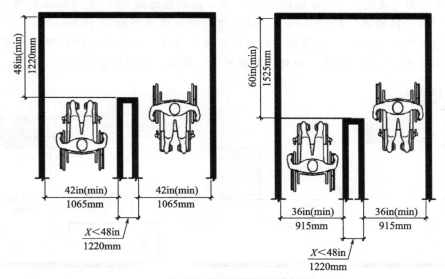

(a) 180°转弯时轮椅通行最小宽度

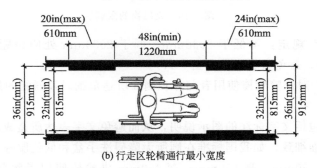

(b) 行走区轮椅通行最小宽度

图5-14 行走区通道设计要求（1in＝2.54cm）

③ "无障碍路线"净宽小于1525mm时，在不超过61m长的距离内提供不小于

1525mm×1525mm 的过渡空间，或者两条通道交汇处提供 T 形空间。

④"通畅的楼层或地面空间"规定了位于遮挡物前水平或垂直方向的通道和凹室的最小空间尺寸。

⑤"膝部和脚趾的净空"规定了为了方便轮椅使用者靠近物体，在物体下部必须留有的最小空间尺寸，如图 5-15 所示。

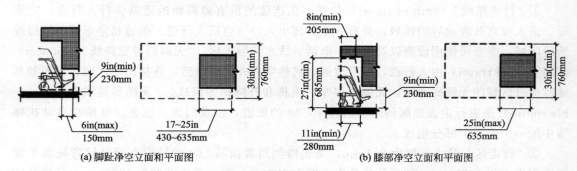

图 5-15　膝部和脚趾的净空

⑥"突出物"规定了"突出物的限制"，即：高出楼地面 685～2030mm 范围内的物体边缘伸出到"行走区通道"（circulation path）空间的尺度不得超过 100mm（图 5-16），其中扶手允许最大突出 115mm。这里的"行走区通道"是指：为行人提供的室内外道路，包括但不限于步行道、大厅、院落、电梯、升降平台、坡道、楼梯和平台等空间范围。

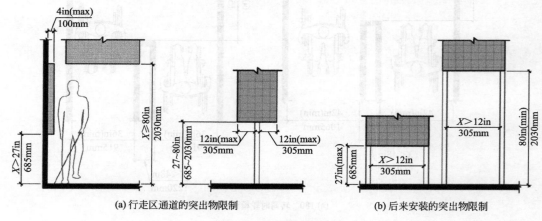

图 5-16　突出物的限制

⑦"垂直净空"规定：不低于 2030mm，低于 2030mm 处应设距楼地面高度不超过 685mm 的防护扶手，避免造成危害（图 5-17）。

⑧"可达范围"对保障轮椅使用者前方和侧面所达范围时障碍物的尺寸进行了规定（图 5-18）。

这些规定都有包括文字标注的图示说明，从而避免文字表达所造成的歧义。而我国制定的规范没有美国标准细致，如我国标准在厕所无障碍洗手盆和低位服务设施的具体细则中提出其"底部留出宽 750mm，高 650mm，深 450mm 供轮椅使用者膝部和足尖部的移动空间"，而没有具体说明足尖部的移动空间尺寸。另外，我国标准对无障碍路线相关内容及轮椅使用者"可达范围"没有明确规定。这种差别不仅在于理念上，更重要的是按此规范修建

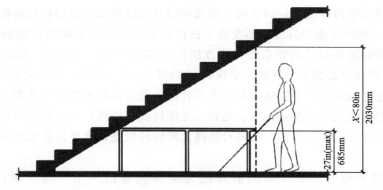

图 5-17 垂直净空低于 2030mm 处应设防护扶手

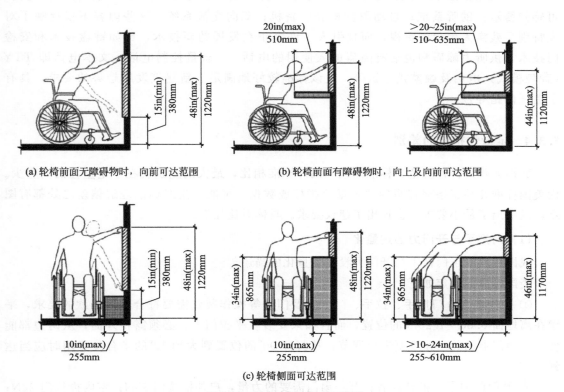

(a) 轮椅前面无障碍物时,向前可达范围

(b) 轮椅前面有障碍物时,向上及向前可达范围

(c) 轮椅侧面可达范围

图 5-18 轮椅使用者可达范围

的无障碍设施不能构建成完整的无障碍流线,易导致公共建筑无障碍环境建设不完善,由此造成伤害,产生的法律纠纷就更加复杂。我国依据现有规范在各大城市修建了大量不连续的盲道,造成视力残疾人无法使用就是例证。

5.3.3 无障碍信息化的差别

我国 2012 年的《无障碍设计规范》对于人员交流、信息和相应的新技术、新设备的规定仅有两点,一是规定了设置无障碍标识的设施位置,二是规定重要的展览性陈设宜设置盲文解说牌,并配有无障碍标识、无障碍设施标识牌和示意图。规范对近年来国际上极为重视的安全和疏散系统没有明确的规定。

随着国家对无障碍环境建设的重视，近几年信息无障碍化方面的研究还在不断积累和发展中。2009年，我国工业和信息化部发布了国内最早关于信息无障碍方面的标准《信息终端设备信息无障碍辅助技术的要求和评测方法》（YD/T 1890—2009），随后又陆续发布了《信息无障碍　呼叫中心服务系统技术要求》（YD/T 2097—2010）等相关标准。《无障碍设计规范》是由住建部颁布，是建筑师和室内设计师工程实践的重要指导手册，因此，将信息无障碍化方面的研究成果、技术标准补充到《无障碍设计规范》中，使之与其他标准保持一致，体现无障碍设计内涵的延伸，这将对提高无障碍环境建设水平具有更现实和广泛的实践意义。

美国标准对于信息、安全和疏散系统方面有完整的一节"第7节：交流和特征（communication elements and features）"。其具体的条文规定有：火警系统；标识；电话；可感知警示；助听系统；自动取款机和收费机；双向交流系统。这些内容不仅反映了对人特别是残疾人生命的重视，而且引入了许多正在发展的新技术，比如键盘技术和安检门技术，供听力障碍和说话有障碍的人使用的电话——音量控制电话，文本电话即TTY（聋哑模式）电话及触摸式标识等，使该标准较好地满足了新建筑发展趋势的要求，具有了更强的指导性。

5.3.4　定量性指标的差别

我国无障碍设计规范、标准图集和国外标准相比，最大的差别就在于定量性的内容少。而美国标准几乎每条都有明确的定量化指标或数据，可能产生对标准理解偏差之处都有图示，既给出了最小要求，也提出了建议要求。具体对比如下。

（1）门把手与开门力的定量化

我国规范对于门把手与开门力没有定量化的描述。

美国标准的规定如下：

① 操作装置　门把手、拉手、门闩以及门锁等操作装置需要符合具体条款的要求，平镶在离地面0.80～1.20m的位置，而且如果安装在平拉门上，必须露在外面，从两边都能使用。闭门器的关门速度要进行调节，从打开90°的位置到大约12°的半合位置用时应当达到3s以上。

② 开门的力量　推开或者拉开一扇门需要的力量，户外推拉门38N；室内推拉门22N；平拉门或者折叠门22N。助力推拉门从关闭到完全打开需要3s以上的时间；门打开后停位时间至少需要5s；用力不超过66N可阻止门的运动。如果助力门开向行人通道，则需要在和有门墙面呈直角的位置放置可以用手杖探知的护栏或者其他障碍物；如果一扇门上粘有透明贴膜，贴膜的下缘距离地面高度应小于900mm（图5-19）。在使用旋转门的地方，应当在旋转门附近设置一个净宽度不小于810mm的门（图5-20）。

（2）地毯

我国规范对于地毯没有明确的规定，但在无障碍环境建设实践中，无论室内还是室外，地毯往往成了无障碍路线上的障碍。美国标准对于地毯厚度等有明确的规定：地毯和小块拼组地毯、短绒地毯、混纺地毯的衬垫高度不超过13mm，安全固定；露出的边缘应当符合要求，必要时衬垫、填充物填料应结实。

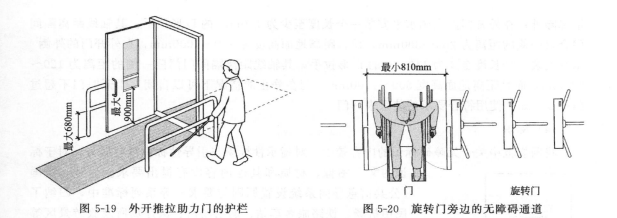

图 5-19 外开推拉助力门的护栏   图 5-20 旋转门旁边的无障碍通道

（3）公共厕所

我国规范关于公共厕所的规定较为详细，关于无性别厕所的规定也出台很早。但与国外相关标准比较，不仅男女厕所内的无障碍厕位标准偏低，而且前期配套的无障碍设计图集中无性别厕所由于示意图没有尺寸，应用指导性不强。

美国标准对厕所部分规定很详细，不仅文字描述具体，厕所内各个部件均有说明，而且图纸尺寸标注详细，使用非常方便，部分内容如下。

① 厕所的隔间内部空间至少宽 1.60m，深 1.50m；

② 坐便器规格的要求　在侧面墙上安装一个挂物钩，距离地面高度不超过 1.20m；突出墙表面部分不超过 40mm；

③ 隔间门要求　隔间门在打开的位置，净空宽度至少为 810mm；开门一侧，坐便器周围要留有转弯空间（图 5-21、图 5-22）；门应向外开，隔间内部有更多空间可向内开门时的

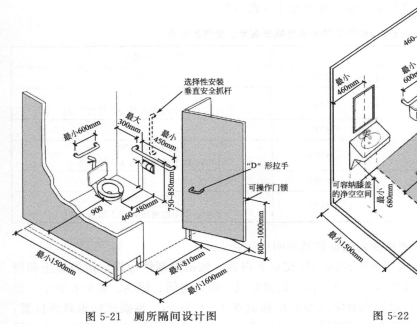

图 5-21 厕所隔间设计图   图 5-22 无障碍厕所布局图

情况除外；在外开门的内侧水平安装一个长度至少为140mm的D形拉手；其轴线距离隔间门合页一侧的距离为200～300mm，而且距离地面高度为800～1000mm；在外开门的外侧水平安装一个长度至少为140mm的D形拉手，其轴线距离隔间门门闩一侧的距离为120～220mm，而且距离地面高度800～1000mm。门在静止的情况下可以自闭，半开时门不超过门框50mm；使用符合要求的装置来闩门。

(4) 标识

我国规范中关于无障碍标识的内容较少，对指示性标识与引导性标识没有区分；对于标识的文字图像、材质和其他内容没有提出要求。另外，我国《公共信息导向系统设置原则与要求》等系列标准中，归纳了民用机场、铁路旅客车站、购物场所、医疗场所及旅游景区等公共场所中公共信息导向系统的设计及设置，但缺少有关博物馆、美术馆、科技馆等展示类公共建筑内标识设置要求的具体规定。

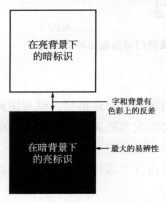

图 5-23　所印文字的易辨性

美国标准则对无障碍标识给予了高度重视，内容比较全面具体：

① 指路牌　如果提供公共电话的导向牌，牌子上面应当有相应的无障碍标识。提供指示牌的地方需要与安装指示牌的位置一致，避免在阴影地区或者反光区安装指示牌。

② 标识牌　标识牌的构成包括表面没有反光、图案统一，用来在同一个设施内传递同一种信息、形状、色彩，安装位置应一致，和周围背景有色彩上的反差（图 5-23）。

③ 字符　标识、文字及数字需要用无衬线字体，阿拉伯数字高宽比在（3∶5）～（1∶1）之间；笔画高宽比在（1∶5）～（1∶10）之间。对应于设想的视觉距离，字符的高度应符合相关要求，而且要用大写字母来测量字符的尺寸（表 5-2）。

表 5-2　标识字符大小与标识高度、距离的关系

字符基准线到地面的高度/mm	水平视距/mm	最小字符高度/mm
1015～1780	＜1830	16
	≥1830	16＋3.2/305 （1830 以上的视距每 305 增加 3.2）
1780～3050	＜4570	51
	≥4570	51＋3.2/305 （4570 以上的视距每 305 增加 3.2）
大于 3050	＜6400	75
	≥6400	75＋3.2/305 （6400 以上的视距每 305 增加 3.2）

④ 照明　由现场的照明度决定的标识牌照明应达到200lx。

⑤ 触摸式标识　需要运用触摸式标识补充如下内容。包括限制性标识，诸如禁止和指示标识；警示性标识，诸如警告和危险标识；识别标识，诸如房间、标题、名称和数字。触摸式字符在触摸式标识上，单词和数字需要突出标识0.8～1.5mm。触摸式标识牌的位置：如果用来标识一扇门，应当固定在门靠门闩一侧的墙上。在合适的地方，应当保留距离门框

150mm 的垂直边缘（图 5-24）。如果是两扇门，门闩之间没有连接的墙面空间，可以固定在最近的墙上。保证人们走近距离标识牌 100mm 或者站在开门的范围内不会碰到突出物体。平行轴线距离至少高出地面 1500mm。标识牌周围要留有 75mm 宽的净空。

　　⑥ 无衬线字体　　高度为 16～50mm，标识的下缘需要辅助有 1 级盲文，而且与其背景形成至少 70% 的反差。

　　⑦ 图形符号和标识　　在触摸式标识牌上，标准和图形符号需要突出标识的表面 0.8～1.5mm。在标识牌的配置高度至少为 150mm，标识和图形符号的下方直接配置用 1 级盲文书写的相应说明，而且与其背景形成至少 70% 的反差。

　　⑧ 无障碍标识　　在某些设施及其构成元素需要用无障碍标识来说明时，应使用国际无障碍标识。

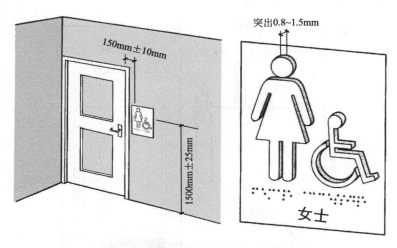

图 5-24　触摸式标识牌的位置和大小

（5）停车空间高度

　　我国规范中对无障碍停车仅规定了平面上的尺寸，没有考虑到停车空间上的需求。尽管很多停车场与地下车库都有着较高的空间，但是只要这部规范适用于各种公共建筑，就必须考虑空间上的要求。

　　美国标准有明确规定：乘车区通道包括在车辆入口或出口路线的沿途以及在指定的空间范围内，停车场高度的净空至少需要 2750mm。也就是说，乘客乘车区包括在从场地入口沿着车辆行进路线沿途需要提供一个至少为 2750mm 的净空高度（图 5-25）。

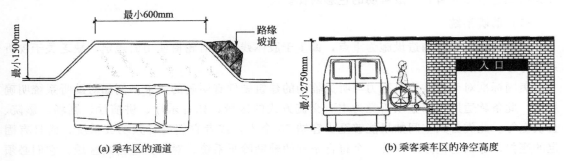

(a) 乘车区的通道　　　　　　　　　　(b) 乘客乘车区的净空高度

图 5-25　乘车区的通道及乘客乘车区净空高度

（6）控制开关

控制开关是现代建筑大量不可或缺的装置，是人们能够较好地使用建筑物的重要辅助，它直接反映了无障碍设计的水平。我国规范对此没有统一的规定，很多常用开关安装位置过高，不仅轮椅使用者不便，老年人和孩子也使用不便。国外通用设计的理念已经推行多年，通用设计的内容很多已经吸收在其标准规范中。

美国标准把这部分内容放在首要的位置，对控制开关、门把手和门锁、开窗把手、水龙头、电器插孔和开关、自动调温器、拉动式火灾报警站以及报警器启动装置提出设计要求。该标准还规定在与操作控制空间相邻近的地方应当至少提供一个 750mm×1200mm 平坦的无障碍区域，方便从前后以及两侧接近控制开关。控制开关的轴线高度应当设置在离地面高度为 400～1200mm 的位置上（图 5-26）。

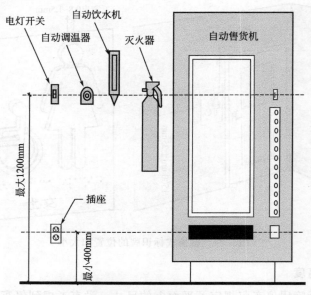

图 5-26　控制开关的高度

控制开关应当用一只手操作，不需要用力抓握或捏压或用腕力扭动，用力不超过 22N。控制开关按钮应当有突出标记或者语音信息，说明功能和控制按钮的位置。控制开关的视觉显示装置应当辅助以突出标记或者语音信息，色彩对比鲜明，放置在没有反光的物体表面。照明控制开关应具备亮度达到 100lx；在需要读取信息的地方，照明亮度达到 200lx。控制开关的颜色应当和背景形成鲜明的色彩对比。

（7）助听系统

我国规范以建筑构造设施为重点，偏重于肢体残疾人对轮椅使用的规定，缺乏关于视听系统等方面的规定。

美国标准对于公共建筑视力与听力辅助的建筑硬件有明确的要求。例如对助听系统明确规定：此条款适用于那些以听觉为主要交流方式的区域，如音乐厅、讲演厅、剧场、影院、会议室等。此类公共空间如果能够至少容纳 50 个人，或者它们有音频功放系统，而且有固定的座位，那么它们必须安装一个符合条款的辅助聆听系统。对于其他公共区域，它们必须安装一个永久性的辅助聆听系统或者提供足够数量的电源插座来支持便携式辅助聆听系统。

这类空间必须提供至少与总座位数量4%的数目相当的接收器，但绝不能少于2个。必须安装符合条款应用规定的标识图形，告知顾客助听系统是否可用。美国标准细化了几种不同的助听系统作为建筑物无障碍设计必要设施的应用范围，相关系统对比见无障碍助听系统比较表5-3。

表5-3　公共建筑无障碍助听系统比较

	系统描述	优点	缺点	典型应用
FM 广播（在窄带发射系统尚有40个频率可用）	发射器:FM基站或个人发射器将信号发射到聆听区域。接收器:袖珍型配有:1.头戴式耳机；2.感应式颈圈或配有电磁线圈的个人助听器上线圈耦合器；3.个人助听器的直接音频输入(DAI)	与随身携带的个人发射器一起使用时具有很高的便携性；易于安装；可能可以单独使用或者与现有的PA系统结合成一体；多频率使其可以被同一区域内的不同组群使用(例如，多语种翻译)	溢出到毗邻房间/聆听区域的信号(可以防止为不同的房间/聆听区域使用不同发射频率而产生的干扰)。如有必要保护隐私应选择红外线。每个人都应能接收到信号。要求对接收器进行管理和维护。在使用感应式颈圈/轮廓时容易受到电子干扰(在公共应用上提供直接音频输入的音频底托和线是不现实的)。有些系统更容易受到无线电波干扰和信号偏离	服务柜台、会见室、会议室、礼堂、教室、法庭、教堂和寺庙、剧院、博物馆、主题公园、竞技场、体育场、看护中心、医院
红外线	发射器:放大器驱动覆盖聆听区域的发射器控制板接收器:颚下或者悬垂式接收器，配有:1.耳机；2.头戴式耳机；3.感应式颈圈或配有电磁线圈的个人助听器上的轮廓线圈耦合器；4.个人助听器的直接音频输入(DAI)	与感应或者FM发射不同，红外线发射不能穿过墙或者其他坚硬的表面。可以保证其保密性。红外线接收器与大多数红外线接收器兼容。可能可以单独使用或者与现有的PA系统结合成一体。可以用在多语种翻译上(必须使用特殊的多频率接收器)	每个人都应能接收到信号。要求对接收器进行管理和维护。在直接太阳光照射下无效。要求小心安装来保证整个聆听区域都能接收到红外线信号。在使用感应式颈圈/轮廓时容易受到电子干扰(在公共应用上提供直接音频输入的音频底托和线是不现实的)。发射器的寿命不同。历史性建筑安装问题	室内服务柜台、会见室、会议室、礼堂、教室、法庭、教堂和寺庙、剧院、博物馆、主题公园、竞技场(室内)、体育场(室内)、看护中心、医院
传统感应回路	发射器:放大器驱动聆听区域周围的一个感应回路。接收器:1.配有电磁线圈的个人助听器；2.配有耳机或头戴式耳机的袖珍型感应接收器；3.自备的棒；4.看起来像BTE、ITE或者耳道式助听器的塑料底盘内的电磁线圈	如果大多数使用配有电磁线圈的助听器，那么就只需要对接收器做稍微的管理或者不管理。当不配有电磁线圈的助听器时，必须使用感应接收器。感应接收器与所有的回路系统兼容。与配有电磁线圈的助听器一起并不会突出。可能可以单独使用或者与现有的PA系统结合成一体。袖珍型系统可以在有需要时临时安装	信号溢出到毗邻房间。容易受到电子干扰。除非区域在事先形成回路或者使用了小的便携式系统(见左列优点部分)，否则便携性受到限制。要求安装回路电线。在事先已有的建筑物进行安装有可能会有困难。在历史性建筑物里要进行安装时必须要有特殊技能(也有可能根本不允许进行安装)。没有配电磁线圈的助听器，需要对接收器进行管理和维护	服务柜台、运输港口、公共交通车辆、会见室、会议室、礼堂、教室、法庭、教堂和寺庙、剧院、博物馆、主题公园、竞技场、体育场、看护中心、医院

	系统描述	优点	缺点	典型应用
3-D 回路系统	发射器:放大器驱动位于聆听区域内的地毯下的一个3-D垫。 接收器: 1. 配有电磁线圈的个人助听器; 2. 配有耳机或头戴式耳机的袖珍型感应接收器; 3. 像 BTE、ITE 或者耳道式助听器的塑料底盘内的电磁线圈	使用配有电磁线圈的助听器只需要对接收器做稍微的管理。当不配有电磁线圈的助听器时,必须使用感应接收器。 感应接收器与所有的回路系统兼容。 无论电磁线圈的位置在哪里,都能接收3-D回路信号。 信号溢出的减少使得毗邻的房间可以不受信号干扰形成回路	便携性受到限制(区域可能配备好3-D回路垫来促进便携性)。 要求安装3-D垫。在事先已有的建筑物进行安装有可能会有困难。在历史性建筑物里要进行安装时必须要有特殊技能(也可能不允许进行安装)。 如果聆听者没有配电磁线圈的助听器,需要对接收器进行管理和维护。 容易受到电子干扰	服务柜台、运输港口、会见室、会议室、礼堂、教室、法庭、博物馆、主题公园、看护中心、医院

本章小结

通过对比国内外无障碍设计法规及实践,我国无障碍环境建设还需要重点做好以下三个方面。

(1)补充完善相应的规范、标准、图集等内容,图集应标注设计尺寸,文字说明清晰,避免产生歧义;规范中应明确各类型公共建筑无障碍标准的适用范围和建筑物主要无障碍功能区的适用范围;强调无障碍流线的完整性,确保建成的无障碍环境是连续、系统和有效的。

(2)应对有助于消除视、听残疾障碍的新技术、新设备加大科研投入;在高校相关、相近专业广泛开展无障碍设计和通用设计课题的教学活动,使设计研发和现有无障碍设施产品形成互补,从而尽可能消除人们在公共环境中行走、观看和视听等方面的障碍,帮助残疾人真正走出家门,参与到社会活动中。

(3)各级政府尽快建立无障碍环境建成的监控机制,包括制定落实无障碍设计实施、建成环境评价反馈和后期维护、管理措施等方面的标准、法规,从而使无障碍环境的实施既获得完善的设计标准技术支持,又有稳定的执法体系保障。

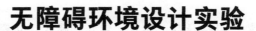

第 6 章
无障碍环境设计实验

6.1 人体尺寸数据修正值测量实验

6.1.1 实验目的

人体尺寸是公共建筑无障碍设计的重要参考依据，合理有效的人体尺寸数据有助于公共设施的设计更加人性化，使无障碍环境的设计更适合中国人的习惯和需求。目前我国《中国成年人人体尺寸》（GB 1000—1988）规范是 1988 年制定的，相关标准不能适应当前无障碍设计的需要。同时，由于地区和人种差异，欧美等发达国家和地区人体尺寸数据资料不能直接作为我国无障碍设计的研究基础和依据。为在教学过程中获得适于当前我国无障碍环境设计的人体尺寸数据，可选取合适的测试点，测量相关人体尺寸数据，建立人体尺寸表的样本，与《中国成年人人体尺寸》比较，获得修正值，从而以当前中国成年人身体尺寸数据作为无障碍设计的参考依据。

6.1.2 实验方法

（1）实验工具

人体测高仪、电子测距仪、软尺、体重计、座椅。

（2）实验方法

选取高校学生，其中男性 30～40 人，女性 30～40 人。测试时要考虑"衣着条件"——单衣一件，穿球鞋且免冠（要求实验对象穿球鞋测量，鞋跟高度为 15mm 左右）。虽不符合国际严格的测量要求，但与实际情况较吻合，故测量结果可理解为包括衣着的人体尺寸。支撑面包括站立面（地面）、平台或坐面应平坦、水平且不变形。对于可以在身体任何一侧进行的测量项目，以右侧为准；对习惯使用左手的人测量时，应注明测量项目是在左侧。

立姿时，被测者后背靠板站立，保持直立人的体态，人体的重量平均分布，并且手臂、手指和胳膊都完全伸直，身体保持直立而不僵硬。坐姿时，被测者笔直地坐于水平表面上，保持身体垂直，身体的重量平均分配，躯干垂直但不僵硬。

6.1.3 实验内容

(1) 实验对象基本信息

记录实验对象性别、年龄、籍贯。

(2) 实验项目

形态测量采取静态姿势，包括身高、体重、臂长、腿长，立姿时测量眼高、肩高、肘高、手功能高、会阴高、胫骨点高，坐姿时测量坐高、坐姿眼高、坐姿肩高、坐姿肘高、坐姿大腿厚、坐姿膝高、小腿加足高、臀膝距、坐姿下肢长等，如图6-1所示。

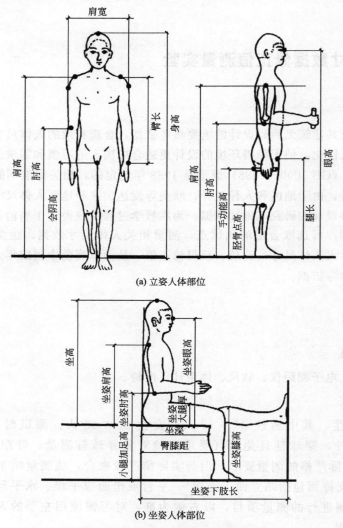

(a) 立姿人体部位

(b) 坐姿人体部位

图6-1　人体尺寸测量的人体部位图

根据实验统计数据，将实验对象按男性、女性的人体尺寸项目，包括身高、眼高等从最小到最大顺序进行排列，取分段节点分别为第1、5、10、50、90、95、99百分位，得到调研对象主要人体尺寸数据，填写表6-1（男、女统计表分开填写）。

表 6-1　男/女性人体尺寸统计表　　　　　　　　　　　单位：mm

调研对象 百分位 测量项目		男/女性(19～24 岁)						
		1	5	10	50	90	95	99
主要尺寸	身高							
	体重/kg							
	臂长							
	腿长							
	肩宽							
立姿尺寸	眼高							
	肩高							
	肘高							
	手功能高							
	会阴高							
	胫骨点高							
坐姿尺寸	坐高							
	坐姿眼高							
	坐姿肩高							
	坐姿肘高							
	坐姿大腿厚							
	坐姿膝高							
	小腿加足高							
	坐深							
	臀膝距							
	坐姿下肢长							
手部尺寸	手长							
	手宽							
	食指长							

注：表中臂长是根据《中国成年人人体尺寸》（GB 10000—1988）中的图示测量从手腕到肩胛处，即上臂和前臂的总长度；腿长测量的是从脚底到大腿处胯骨的高度。

最后获得的测量部位数据和《中国成年人人体尺寸》相关数据比较，获得修正值，建立无障碍设计可参考的人体尺寸数据表。

6.1.4　结果表达与实验报告

以实验获得的人体尺寸测量数据和 1988 年《中国成年人人体尺寸》标准数据比较，设定出一个在公共建筑无障碍设计中可参考的部分人体尺寸模板。计算方法解析如下：

人体其他功能部位高度尺寸，是在《中国成年人人体尺寸》数据的基础上，加上修正值而获得。因为人体各功能部位高度和整个身体高度的比例基本是一致的，所以修正值为：以男性身高增长的幅度（记实验结果为数值 a）和女性身高增长的幅度（记实验结果为数值

b）为基数，再根据各功能部位高度和其身高的比例关系进行换算而获得。

比如《中国成年人人体尺寸》中，我国成年男性第 50 百分位身高为 1678mm、眼高为 1568mm，第 1 百分位身高为 1543mm、眼高为 1436mm，则成年男性第 1 百分位眼高修正值 A 应为：$A = a \times (1436/1543)$。

修正值可作为当前无障碍设计中确定家具、设施尺寸和空间尺度的重要依据。

6.2 轮椅使用者触及范围模拟实验

6.2.1 实验目的

在任何一种身体活动中，身体各部位的动作并不是独立无关的，而是协调一致的，人体功能尺寸并不等于人体结构尺寸的简单相加。为此，要对坐在轮椅上的人进行触及范围的模拟实验，从而掌握一些轮椅使用者人体尺寸和触及范围尺寸，为确定无障碍设计尺度要求提供较准确的参考依据。

6.2.2 实验方法

(1) 实验对象

一般来讲，残疾人人体尺寸与健康人人体尺寸相比，其各项数值都应较正常人偏低，也就是个子更矮小、身体更瘦弱些。一方面是因为肢体残疾者肢体残缺或发育不良，另一方面由于生活、医疗条件的限制而使其发育条件相对较差。有专家调研了部分我国中部地区肢体残疾人人体尺寸，其男子平均身高 1.66m，女子平均身高 1.55m。

实验选取 19～22 岁女性样本 4～8 人，选择男性样本 4～8 人。测量目的是通过基本动作测量出个体坐轮椅时的人体尺寸和触及范围，为确定公共建筑无障碍设计适合的空间尺度和设施尺寸提供依据。

(2) 实验工具

电子测距仪、软尺、轮椅、绘有参考网格线的背景布（宽 2000mm，高 2400mm，最小网格尺寸为 20mm×20mm）、照相机及其他辅助工具等。

轮椅尺寸为：轮椅最高处的高度为 940mm，正面最宽处的宽度为 650mm，侧面最宽处宽度为 1050mm，座面高度 460～480mm（前高后矮），座内宽度为 480mm，坐垫厚度为 50mm，座深 430mm，大轮直径为 550mm，手轮圈直径为 500mm，靠背高度为 400mm，轮椅大轮、小轮轮心水平间距 515mm，如图 6-2 所示（以实验所用轮椅实际尺寸为准）。

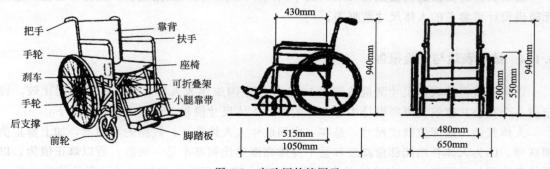

图 6-2　实验用轮椅图示

（3）实验方法

人体尺寸和人的触及范围是确定公共建筑室内空间尺度和家具、设施形式、尺寸的重要依据。人体动作应为动态的、一组系列数据的范围，其动态尺寸与环境场所及其活动情景状态有关。测量轮椅使用者触及范围的模拟实验包括现场实测法和照相测量法。

一是现场实测法获得实验对象功能尺寸。实验对象模拟轮椅使用者不同动作时测量功能尺寸，即被试者尽量在自然放松状态下作上下、前后往返调节三次以上，直至本人认为较舒适时的功能尺寸。

二是通过照相测量法进一步验证现场实测法的数据，实验时背景布垂直悬挂，尽量保持布面绷直。轮椅一侧尽量贴着背景布摆放，并以轮椅使用者的行为动作为测量基准，以减少因透视而引起的尺度误差。

6.2.3 实验内容

实验记录三个部分数据：

（1）实验对象及道具测量

即各实验对象在自然放松状态下身体各部位尺寸的测量，如身高、坐高，以及座椅、轮椅等道具尺寸的测量，且测量数据包括了衣服的余量，如图 6-3 所示。

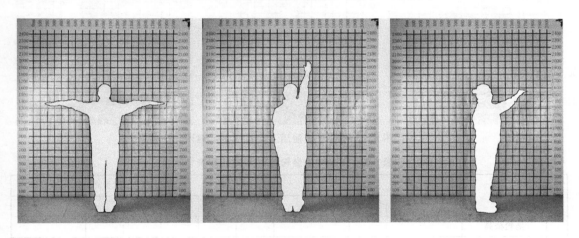

图 6-3　人体尺寸测量示意图

（2）基本动作及触及范围测量

这是整个实验的主体部分，记录实验对象坐轮椅时的人体尺寸和正面、侧面触及范围尺寸，如图 6-4 所示。

（3）环境模拟测量

在取得以上数据的基础上，进一步模拟室内环境下无障碍参观、操作的触及范围，对相关数据进行验证，以减少可能出现的误差，如图 6-5 所示。

6.2.4 结果表达与实验报告

根据现场实验测量记录和后期照相法测量数据补充，统计结果填写在表 6-2、表 6-3 内。

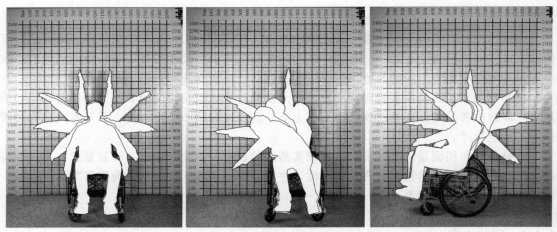

图 6-4　坐轮椅的触及范围测量示意图

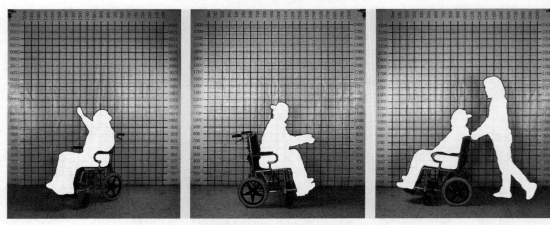

图 6-5　模拟轮椅使用者动作测量示意图

表 6-2　实验对象坐轮椅时测量数据统计　　　　　　　　单位：mm

	测量项目	男性样本身高				女性样本身高			
坐轮椅的姿势	坐轮椅高								
	坐轮椅眼高								
	坐轮椅肩高								
	坐轮椅肘高								
	坐轮椅腿高								
	正面宽度								
	侧面宽度								
	正面手臂伸展开的长度半径								
	侧面手臂伸展开的长度半径								
	侧面手臂伸展开的长度半径最大值								

注：侧面手臂伸展开的长度半径最大值是指实验对象坐在轮椅上通过调整身体后获得的功能尺寸。

表 6-3 实验对象坐轮椅时手部高度数据统计　　　　　　单位：mm

测量项目		男/女性样本身高					
正面姿势	手臂下举 45°						
	手臂平举						
	手臂上举 45°						
	手臂上举						
侧面姿势	手臂前下举 45°						
	手臂前平举						
	手臂前上举 45°						
	手臂侧上举						
	手臂后上举 45°						
	手臂后平举						
	手臂后下举 45°						

填写实验获得的坐轮椅时人体尺寸和触及范围数据，如图 6-6 所示。

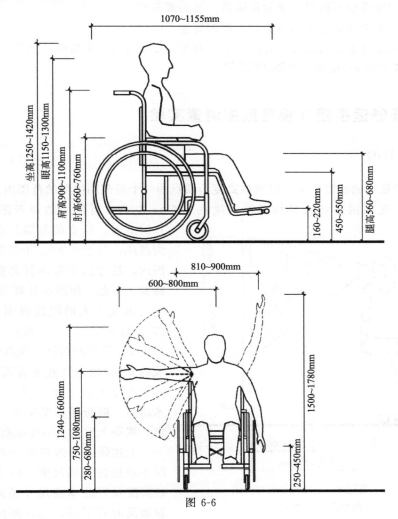

图 6-6

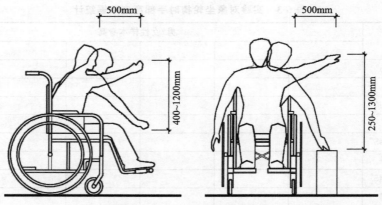

图 6-6　轮椅使用者人体尺寸和可触及范围示意图

① 实验对象乘坐轮椅时，坐轮椅总高度。

② 实验对象乘坐轮椅时，坐轮椅眼中心线总高。

③ 实验对象乘坐轮椅双手扶手轮时，正面坐轮椅总宽度。

④ 实验对象乘坐轮椅时，坐轮椅腿高，足尖部高度。

⑤ 实验对象乘坐轮椅正面姿势时，肘部高度。

⑥ 实验对象乘坐轮椅正面姿势时，手臂高度，手臂下举 45°范围，上举 45°范围；侧面姿势时，手臂下举 45°范围，上举 45°范围。

6.3　观展舒适视距及视角范围测量实验

6.3.1　实验目的

人们观看物体的视野主要是以视线高度为顶点的一个近似圆锥形的范围内。美国学者曾经做过调查，美国的成年人平均视线高度在 1.58m 左右，当他们的观看距离在 0.60～1.20m 时，所看的范围只是以视线高度为基线，向上 0.30m 和向下 0.90m 的范围内，超过这个范围就会使人产生视觉疲劳。据此，用图示计算法（图 6-7）得到美国成年人的视线范围是向上 14°～27°、向下 37°～56°。根据《建筑设计资料集4》提供的数据，视点在水平面所形成的 45°夹角内或在垂直面所形成的 26°夹角内布置展品较为理想；博物馆内美术展品一般悬挂高度距地 0.8～3.5m 以内，视距大致为 2 倍展品高度。

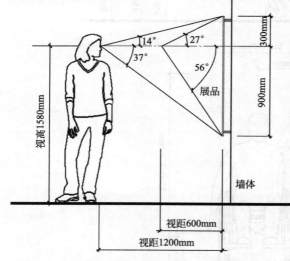

图 6-7　视距 600～1200mm 时视线角度范围示意图

上述研究是假定标准视线是水平情况下理想的布展尺度。但现实中展品悬挂高度及展品本身尺寸是固定的，且观看展品时有平视，也有俯视和仰视等不同情况，不同身高和身体机能的观众在既定的布展条件下获得的观展体验是不一样的。特别是轮椅使用者、儿童在视高降低的情况下，现有博物馆或美术馆展厅的布展设计和空间尺度可能不会十分合适。为了掌握比较准确的当代中国人的视觉尺度和视角范围值，要求学生进行实验，以获得准确合适的数据。

实验对站立观展的人和坐轮椅观展的人视觉尺度进行测量和对比，为展厅无障碍设计尺度的确立提供合理依据。该实验是模拟观众平视展品时，在站立姿势和坐轮椅姿势不同视高情况下，观看竖向空间布置的展品为代表进行分析，以获得视角疲劳度极限值的范围，其结果也可为分析仰视、俯视时观展舒适度合理视距范围和展示设施设计尺度提供参考依据。

6.3.2　实验方法

（1）实验工具

电子测距仪、软尺、轮椅、照相机及其他辅助工具等。实验用轮椅尺寸数据同上一个实验。

（2）实验方法

选取实验对象进行现场实测法。测量实验对象在站立姿势时和坐轮椅时观看展品整体效果的舒适尺寸。被试者尽量在自然放松状态下观看展品，眼球可转动，头部不能转动（头部转动后视野范围将变化），前后往返调节三次以上，直至本人确认观看展品整体效果最舒适时的位置，如图 6-8 所示。

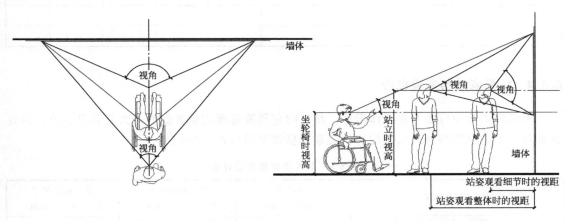

(a) 不同姿势下观展的水平视角范围　　　　　(b) 不同姿势下观展的垂直视角范围

图 6-8　舒适观展的水平和垂直视角范围示意图

根据测量对象视高、水平视距、展品高度以及展品悬挂高度的关系，通过三角函数法可确定舒适观展的视角范围，最后进行统计分析。

6.3.3　实验内容

统计实验对象自然放松状态下站姿时的身高、眼高，以及坐轮椅时的坐高（指坐轮椅时身体距离室内地面的总高度）、坐姿眼高（指坐轮椅时眼睛中心线位置距离室内地面的总高度）等基础数据，选取三幅不同尺幅的绘画类展品，分别测量实验对象在站立和坐轮椅时看展品整体舒适的观展距离，计算出观看不同尺幅展品时相同个体适宜的观展视距，统计舒适观展的水平和垂直视角范围，将计算结果填写在表6-4、表6-5内。

表6-4　站立时观展视距及视角统计表

序号	身高/mm	眼高/mm	第一幅画尺寸（　mm×　mm）悬挂高度（　mm）			第二幅画尺寸（　mm×　mm）悬挂高度（　mm）			第三幅画尺寸（　mm×　mm）悬挂高度（　mm）		
			视距/mm	水平视角/(°)	垂直视角/(°)	视距/mm	水平视角/(°)	垂直视角/(°)	视距/mm	水平视角/(°)	垂直视角/(°)
1											
2											
3											
…											

表6-5　坐轮椅时观展视距及视角统计表

序号	坐轮椅总高/mm	坐轮椅眼总高/mm	第一幅画尺寸（　mm×　mm）悬挂高度（　mm）			第二幅画尺寸（　mm×　mm）悬挂高度（　mm）			第三幅画尺寸（　mm×　mm）悬挂高度（　mm）		
			视距/mm	水平视角/(°)	垂直视角/(°)	视距/mm	水平视角/(°)	垂直视角/(°)	视距/mm	水平视角/(°)	垂直视角/(°)
1											
2											
3											
…											

6.3.4　结果表达与实验报告

考虑到测量中可能存在个体误差，统计时应排除每项测量数据的最大值和最小值，将观展视角、平均视距与展品尺寸的比例关系测量结果填写在表6-6内。

表6-6　观展视觉角度统计表

观看姿势/合适视区		第一幅画尺寸（　mm×　mm）	第二幅画尺寸（　mm×　mm）	第三幅画尺寸（　mm×　mm）
站着观看	水平视角范围/(°)			
	垂直视角范围/(°)			
	平均视距 d/mm			
	平均视距 d 和展品高度 h 的比值			
	平均视距 d 和展品宽度 a 的比值			
坐轮椅观看	水平视角范围/(°)			
	垂直视角范围/(°)			
	平均视距 D/mm			
	平均视距 D 和展品高度 h 的比值			
	平均视距 D 和展品宽度 a 的比值			

通过抽样测量和模拟舒适观展的方式，确定满足健康人群及轮椅使用者观展最佳的视距和视角范围，回答以下三个问题。

　　（1）视距和展品宽度存在什么关系？

　　（2）视距和展品高度存在什么关系？

　　（3）如何根据展示对象尺度确定适宜观展距离？

本章小结

　　基于文化类公共建筑现状不足与不同人群切身需求出发的人性化设计，是构建无障碍环境和在文化类建筑设计中把握不同类型人群身体尺寸、活动范围及舒适观展视距、视高等人性化设计的关键依据和重要基础。本章通过设计人体尺寸数据修正值的测量实验、轮椅使用者触及范围的模拟实验和观展舒适视距及视角范围的测量实验，获取无障碍设计所需的直接数据资料。

　　（1）从无障碍设计所需人体尺寸数据的测量结果获得修正值；

　　（2）获取轮椅使用者人体尺寸和触及范围相关数据的测量结果；

　　（3）获取观展舒适视距及视角范围的测量结果。

附录 1

文化类建筑无障碍设计
指导书（自编）

1 总则

1.1 为完善文化类建筑无障碍环境，提高公众观展质量，确保有需求的人能安全、方便地使用文化类建筑设施，制订本指导书。

1.2 本指导书适用于新建博物馆、纪念馆、美术馆、科技馆、陈列馆等文化类建筑，改建和扩建的博物馆、纪念馆、美术馆、科技馆、陈列馆等可参照执行。

1.3 文化类建筑室内无障碍设计应与建筑设计、室内设计和建设统筹兼顾，配套协调，以为残疾人、老年人等弱势群体提供尽可能完善的服务为指导思想，并贯彻安全、适用的原则。

1.4 文化类建筑的无障碍设施应按照以人为本的原则，在保证无障碍流线连续性和完整性的前提下，根据建筑规模和所在区域条件进行设计，其他设备应与其配套衔接。

1.5 文化类建筑无障碍设计在执行本指导书时尚应遵循国家的有关方针政策，符合总体发展要求，体现科学性、前瞻性、连续性和完整性。

1.6 除符合本指导书规则外，尚应符合现行的国家有关强制性标准的规定。

2 术语

2.1 文化类建筑（cultural building）

以研究、教育、欣赏、观演为目的，收藏、保护、展示人类活动和自然环境的见证物，欣赏人类艺术作品，接受艺术熏陶，向公众开放的社会服务机构，包括博物馆、纪念馆、美术馆、科技馆、陈列馆、剧场、音乐厅等。

2.2 展示设施（exhibition container）

又称展览装具或陈列装具，指为展示藏品而设计、制作的橱柜、支架、展板等。

2.3 无障碍设施（barrier-free facilities）

指在建筑物及其室内外环境中为保障老年人、残疾人、儿童和其他人群的通行安全和使用便利而配套设计的建筑构件和服务设施，且无障碍设备也包含在设施内。

2.4 无障碍环境（barrier-free environment）

便于行动障碍者自主安全地通行道路、出入相关建筑物、搭乘公共交通工具、交流信息、获得社区服务所进行的建设活动。

2.5 无障碍流线（barrier-free routes）

狭义上是指行动不便者在文化类建筑中的活动路线，广义上更强调无障碍流线的连续性和完整性，即无障碍通行的路线应和无障碍设施、无障碍信息和无障碍服务，形成一个整体的无障碍环境，从而满足人们在行、看、听等方面的活动需求。

2.6　盲道（tactile ground surface indicator）

在建筑出入口地面或室内空间转换处铺设的一种固定形态的地面砖，使视觉障碍者产生盲杖触觉及脚感，引导视觉障碍者向前行走和辨别方向以到达目的地的通道。

2.7　行进盲道（directional indicator）

表面呈条状形，使视觉障碍者通过盲杖触觉及脚感，指引视觉障碍者可直接向正前方继续行走的盲道。

2.8　提示盲道（warning indicator）

表面呈圆点形，用在盲道的起点处、拐弯处、终点处和表示服务设施的位置以及提示视觉障碍者前方将有不安全或危险状态等，具有提醒注意作用的盲道。

2.9　无障碍出入口（barrier-free entrance）

地面坡度不大于1∶20且不设扶手的平坡出入口，或是同时设置台阶和轮椅坡道的出入口，或是同时设置台阶和升降平台的出入口。

2.10　轮椅回转空间（wheelchair turnings pace）

为方便轮椅使用者旋转以改变方向而设置的空间。

2.11　轮椅坡道（wheelchair ramp）

在坡度、宽度、高度、地面材质、扶手形式等方面方便轮椅使用者通行的坡道。

2.12　无障碍通道（accessible route）

在坡度、宽度、高度、地面材质、扶手形式等方面方便行动障碍者通行的通道。

2.13　轮椅通道（wheelchair accessible path/lane）

在检票口或结算口等处为方便轮椅使用者设置的通道。

2.14　无障碍楼梯（accessible stairway）

在楼梯形式、宽度、踏步、地面材质、扶手形式等方面方便行动及视觉障碍者使用的楼梯。

2.15　无障碍电梯（accessible elevator）

适合行动障碍者和视觉障碍者进出和使用的电梯。

2.16　升降平台（wheelchair platform lift and stair lift）

方便轮椅使用者进行垂直或斜向通行的设施。

2.17　安全抓杆（grab bar）

在无障碍厕位、厕所内，方便行动障碍者安全移动和支撑的一种设施。

2.18　无障碍厕位（water closet compartment for wheelchair users）

公共厕所内设置的带坐便器及安全抓杆，且方便行动障碍者进出和使用的带隔间的厕位。

2.19　无障碍厕所（individual washroom for wheelchair users）

出入口、室内空间及地面材质等方面方便行动障碍者使用且无障碍设施齐全的小型无性别厕所。

2.20　无障碍洗手盆（accessible wash basin）

方便行动障碍者使用的带安全抓杆的洗手盆。

2.21　无障碍小便器（accessible urinal）

方便行动障碍者使用的带安全抓杆的小便器。

2.22 轮椅席位（wheelchair accessible seat）

在观众厅、报告厅、阅览室及教室等设有固定席位的场所内，供轮椅使用者使用的位置。

2.23 陪护席位（seats for accompanying persons）

设置于轮椅席位附近，方便陪伴者照顾轮椅使用者使用的席位。

2.24 安全阻挡措施（edge protection）

控制轮椅小轮和拐杖不会侧向滑出坡道、踏步以及平台边界的设施。

2.25 盲文示意图（braille map）

供视觉障碍者用手触摸的有立体感的位置图或平面图及盲文说明。

2.26 低位服务设施（low height service facilities）

为方便行动障碍者使用而设置的高度适当的服务设施。

2.27 母婴室（mother and baby room）

设有婴儿打理台、水池、座椅等设施，为母亲提供的给婴儿换尿布、喂奶或临时休息使用的房间。

2.28 安全出口（safety exit）

供人们安全疏散用的楼梯间和室外楼梯的出入口或直通室内外安全区域的出口。

2.29 听力辅助系统（hearing assistance systems）

增音设备或是借助视觉信号及振动信号提高听觉障碍者听觉能力的设施。

2.30 视力辅助设施（vision auxiliary facilities）

帮助低视力者看清近处或远处东西的设施，如放大镜、卡片式带照明助视器、助视听读一体机等。

2.31 语音提示信号（speech standby sginal）

供视力残疾者使用带有声音提示的设施。

2.32 无障碍电话（barrier-free telephone ）

为行动不便的人群设置的低位、带有语音提示或设有盲文的电话。

2.33 无障碍售票口（barrier-free ticket）

为行动不便的人群设置的带有安全抓杆的低位、专用售票口。

3 主要出入口

3.1 出入口位置和识别性

（1）主入口应根据总体规划和交通流线的组织方便人群出入，有文化类建筑的品牌标识；

（2）建筑出入口应容易识别。

3.2 出入口类别和宽度

（1）至少有一个出入口满足平坡出入口，或同时设置台阶和轮椅坡道的出入口，或同时设置台阶和升降平台的出入口；

（2）无障碍出入口的轮椅坡道净宽度不应小于1.20m并符合无障碍坡道设计要求；

（3）出入口宽度应大于0.90m，其中至少有一个出入口的宽度宜大于1.20m；

（4）无障碍出入口的门厅、过厅如设置两道门，门扇同时开启时两扇门的间距不应小于1.50m；

（5）安装有探测仪的出入口应便于轮椅使用者进入；

（6）检票口轮椅通道净宽不应小于 0.90m；

（7）至少有一个非平坡的无障碍出入口，在门完全开启的状态下，平台的净深度应大于 1.50m；

（8）无障碍出入口上方应设置雨棚；

（9）坡道的位置应设在方便易寻的地段，并设有无障碍通行标识。

3.3　出入口门

（1）出入口处可以采用的门包括：①手动控制，可毫不费力开启的门；②电力控制门；③采用人工开启的门；④设置自动传感器的自动门；⑤禁止使用质量过重的门，也不可使用旋转门。

（2）如设有自动门，则门外宜安装护栏，并通向人行道；同时设有"自动门"标识。

（3）出入口的门应符合无障碍设计要求。

3.4　出入口地面

（1）出入口地面应平整、防滑；

（2）铺地应选用表面凹凸少的材料，铺地接缝处避免使拐杖或轮椅轮子被卡住；

（3）道上设置防滑设施；

（4）特大型、大型文化类建筑及设有盲人体验展厅的中小型文化类建筑，无障碍出入口前应设提示盲道，且盲道的铺设应从室外延续到室内。

3.5　出入口无障碍装置

（1）出入口设置扬声器系统。

（2）特大型、大型文化类建筑应为听觉障碍者设置配有手语工作人员的服务窗口，其他文化类建筑有条件时可参考执行。

（3）在建筑物出入口处或门厅附近应设置关于建筑物或其相关设施的信息提示。

3.6　出入口安全疏散

（1）宜在建筑物出入口处或门厅附近设置带有音响和频闪的紧急疏散指示灯；

（2）宜在建筑物出入口处或门厅附近为视觉障碍者设置音响提示装置；

（3）考虑到紧急情况发生时的疏散路线，除门厅外应为残疾人和其他行动障碍者设置多条通道，或做好工作人员有针对性的专业培训。

4　无障碍交通设施

4.1　无障碍台阶

（1）台阶踏步宽度为 0.30~0.50m，台阶踏步高度为 0.10~0.15m；

（2）台阶上行及下行的第一阶宜在颜色或材质上与其他阶有明显区别；

（3）三级及三级以上的台阶应在两侧设置扶手；

（4）台阶踏面应平整防滑或在踏面前缘设置防滑条；

（5）台阶踏步起点和终点 0.25~0.30m 处设提示盲道；

（6）台阶处人工照明照度不低于 100lx，并避免引起眩光。

4.2　无障碍扶手

（1）有无障碍设计要求时的应设置扶手的部位包括轮椅坡道、走道、过道、楼梯、三级及以上台阶、电梯轿厢、升降平台及其他有特殊需要的部位。

（2）设在水平位置或无轮椅通行部位的扶手为单层扶手或双层扶手，单层扶手高度为 0.85~0.90m；设在有轮椅通行的非水平位置的扶手应为双层扶手，上层扶手高度为 0.85~0.90m，下层扶手高度为 0.65~0.70m。

（3）扶手应保持连贯，靠墙面的扶手的起点和终点处应水平延伸不小于 0.30m 的长度。

（4）扶手末端应向内拐到墙面或向下延伸不小于 0.10m，栏杆式扶手应向下成弧形或延伸到地面上固定。

（5）扶手内侧与墙面的距离不应小于 40mm。

（6）扶手应安装坚固，形状易于抓握，圆形扶手的直径应为 35～50mm，矩形扶手截面尺寸应为 35～50mm。

（7）扶手的材质选用防滑、热惰性指标好的材料。

（8）扶手端部宜设置标有层数、方向等信息的盲文示意图。

4.3　无障碍门

（1）不应采用力度大的弹簧门，并不宜采用弹簧门、玻璃门；当采用玻璃门时，应有醒目的提示标识。

（2）自动门开启后通行净宽度不应小于 1.00m，且门扇停留在开门状态至少 5s。

（3）平开门、推拉门开启后的通行净宽度不小于 0.90m。

（4）在门扇内外应留有直径不小于 1.50m 的轮椅回转空间。

（5）在单扇平开门、推拉门的门把手一侧的墙面，应设宽度不小于 0.40m 的墙面。

（6）推拉门、平开门的把手应选用横握式把手或 U 形把手，把手高度应为 0.85～0.90m，宜设视线观察玻璃，并宜在距地 0.35m 范围内安装护门板。

（7）门槛高度及门内外地面高差不应大于 15mm，并以斜面过渡。

（8）无障碍通道上的门扇应便于开关。

（9）宜与周围墙面有一定的色彩反差，方便识别。

4.4　轮椅坡道应符合下列规定

（1）坡道宜设计成直线形、直角形或折返形；

（2）室内坡道的净宽度不应小于 1.00m，轮椅使用者与拄拐者对行时不小于 1.50m，两辆轮椅对行时不小于 1.80m；

（3）坡道的高度超过 0.30m 且坡度大于 1：20 时，应在两侧设置扶手，坡道与休息平台的扶手应保持连贯；

（4）室内坡道坡度不超过 1：12，受场地限制的改建、扩建的博物馆室内坡道坡度可做到 1：10～1：8，坡道的最大高度和水平长度符合附表 1 的规定；

附表 1　轮椅坡道的最大高度和水平长度

坡度	1：20	1：16	1：12	1：10	1：8
最大高度/m	1.20	0.90	0.75	0.60	0.30
水平长度/m	24.00	14.40	9.00	6.00	2.40

（5）坡道坡面应平整、防滑、无反光；

（6）坡道起点、终点和休息平台的水平长度不小于 1.50m；

（7）坡道起点、终点 0.25～0.30m 处设提示盲道和无障碍标识；

（8）坡道临空侧应设置安全阻挡措施；

（9）整段坡道的人工照明照度不低于 150lx。

4.5　盲道

（1）盲道的纹路应突出地面 4mm 高，型材表面应防滑；

（2）盲道铺设应连续，应避开家具、设备等障碍物，其他室内设施不得占用盲道；

（3）盲道的颜色应与相邻铺地颜色形成对比，并应与室内环境相协调；

（4）盲道铺设的位置和走向，应方便视力残疾者安全行走和顺利到达无障碍设施位置；

（5）行进盲道在起点、终点、转弯处及其他有需要处应设提示盲道，当盲道的宽度不大于 0.30m 时，提示盲道的宽度应大于行进盲道的宽度。

4.6　升降平台

（1）垂直升降平台的深度不小于 1.20m，宽度不小于 0.90m，设扶手、挡板及距地面高度为 0.65～0.90m 的呼叫控制按钮；

（2）垂直升降平台的基坑应采用防止误入的安全防护措施；

（3）垂直升降平台的传送装置应有可靠的安全防护装置；

（4）斜向升降平台宽度不小于 0.90m，深度不小于 1.00m，设扶手和挡板。

5　室内公共交通

5.1　大厅

（1）大厅内宜能看到室内主要交通空间，如楼梯、电梯、自动扶梯和坡道；

（2）大厅内设置休息座椅和可放置轮椅的无障碍休息区；

（3）大厅内设施功能分区明确且不同功能设施之间联系方便。

5.2　走廊、通道

（1）大厅至各功能区，如阅览、展厅或休息服务区、设施的交通空间走廊、走道等无障碍通道净宽不应小于 1.50m（条件允许时不小于 1.80m）；

（2）不同功能区内部如展厅、陈列室、报告厅、餐饮、纪念品销售等公众活动区域的主要通道净宽应不小于 1.20m；

（3）特大型、大型文化类建筑应在公共走廊、通道两侧设扶手；

（4）室内通道地面有高差时应至少有一处设置轮椅坡道连接，坡道坡度小于 1∶12；

（5）室内无障碍通道在墙面、柱面的 0.60～2.00m 的高度内不应设置突出墙面大于 0.10m 的装饰物；

（6）走廊和通道的转弯处宜做成曲面或折角，走道两侧墙面宜设高 0.35m 的护墙板；

（7）门扇向走道内开启时应设凹室，凹室面积不小于 1.30m×0.90m；

（8）斜向的自动扶梯、楼梯等下部空间可以进入时，应设置安全阻挡措施；

（9）走道长度大于 60m 时设休息区和轮椅回转的活动空间，且休息区应避开行走路线；

（10）室内公共走廊、通道人工照明照度不低于 150lx。

5.3　展示功能区的出入口及通道

（1）面积超过 50m^2 或经常停留人数超过 15 人的展厅、陈列室应设置 2 个疏散门；

（2）展示陈列区内供观众行走的交通通道最窄处净宽应不小于 1.20m，最低处净高应不小于 2.00m；

（3）展示陈列区通道地面有高差时应至少有一处设置轮椅坡道连接，条件不允许时可设置升降平台；

（4）视听区独立对外开放时，其独立对外的出入口应符合无障碍设计要求；

（5）视听区出入口处应设净宽不小于 1.40m 的双扇门，门扇向疏散方向开启；

（6）视听区出入口及疏散通道转折处及疏散通道每隔 20m 长处应设事故照明和疏散指示标识；

（7）观众厅内通往轮椅席位的通道宽度不应小于 1.20m；

（8）当通往轮椅席位的专用通道上建有台阶时，应设置坡度小于 1∶12 的坡道；

（9）为便于下肢残疾者和挂拐者使用，位于通道旁的观众席座椅扶手应采用折叠扶手；

（10）当观众席与舞台间有台阶时，为了便于轮椅通行，应在通道与舞台之间或舞台与观众席之间设置坡道或升降机。

5.4　室内地面

（1）室内无障碍走道地面宜在颜色或材质上与其他区域如大厅、休息区地面有区别；

（2）室内地面应平整、防滑、反光小或无反光，并不宜设置厚地毯；

（3）特大型、大型文化类建筑及设有盲人体验展厅的中小型文化类建筑室内应设盲道或触觉引路带。

5.5　无障碍楼梯

（1）楼梯间位置应靠近出入口，人工照明照度不低于 100lx，应急照明照度不低于 10lx。

（2）楼梯应采用有休息平台的直线形梯段。

（3）楼梯踏步宽度不应小于 0.28m，并不宜大于 0.50m；踏步高度不应大于 0.16m，并不宜小于 0.12m。

（4）楼梯净宽和休息平台深度都不应小于 1.50m。

（5）不应采用无踢面和直角形突缘的踏步。

（6）楼梯两侧设置双层扶手。

（7）踏面应平整防滑或在踏面前缘设防滑条。

（8）距踏步起点和终点 0.25～0.30m 处设提示盲道，宽度为 0.40～0.60m；休息平台也应在两端各铺设一条提示盲道，宽度不小于 0.30m。

（9）踏面和踢面的颜色宜有区分和对比。

（10）楼梯上行及下行的第一阶宜在颜色或材质上与平台有明显区别。

5.6　无障碍电梯

（1）有电梯时至少设置一部无障碍电梯；小型博物馆设置无障碍电梯有困难时应设置轮椅升降平台、爬楼车等其他升降设施。

（2）候梯厅位置应靠近入口大厅，附近设置国际通用无障碍标识。

（3）候梯厅人工照明照度不低于 150lx。

（4）候梯厅深度不小于 1.80m。

（5）在电梯操作按钮安装处应设提示盲道，特大型、大型博物馆从建筑出入口到候梯厅应设有连续的盲道。

（6）紧急呼叫按钮应安装在轮椅使用者便于操作、视觉障碍者容易发现的位置；高度宜为 0.90～1.10m。

（7）电梯门洞的净宽度不小于 0.90m。

（8）候梯厅设电梯运行显示装置和抵达音响。

（9）轿厢门开启的净宽度不应小于 0.90m。

（10）轿厢深度不小于 1.60m，宽度不小于 1.40m。

（11）轿厢侧壁上设高 0.90～1.10m 带盲文的选层按钮，盲文设置于按钮旁。

（12）宜在距地 0.20m 处安装脚踏式辅助按钮。

（13）轿厢的三面壁上设高 0.85～0.90m 的扶手。

（14）轿厢内设电梯运行显示装置和报层音响。

（15）轿厢正面高 0.90m 处至顶部安装镜子或采用有镜面效果的材料。

（16）电梯位置应设无障碍标识。

5.7　自动扶梯

（1）有清晰的指示牌来识别自动扶梯或乘客输送带的位置和行走的方向；

（2）扶手要求通过颜色和亮度与背景形成对比；

（3）沿着输送带从头到尾都应当有安全防护装置；

（4）标识牌应当清楚地指出输送带的倾斜度，并且管理政策应当确保在有人需要帮助时能够及时提供帮助；

（5）可供轮椅使用者使用的自动扶梯上下乘降口前有 1.50m×1.50m 的轮椅活动空间，并设有无障碍标识。

6　展厅、陈列室

6.1　展示设施

（1）展示设施的外观、灯光配置应和整体的展示环境协调统一。

（2）同一展厅内同类型的展示设施宜采用统一的外形尺寸；不同类型不同规格的展示设施宜在长、宽、高尺寸上尽量趋同或比例接近。

（3）以文物保护为基础的灯光设计，采用防紫外线冷射光源，贴合文物属性的光照度；采用现代技术手段，以光控系统控制光源、照度、射角等，塑造文物视觉形象。

（4）展柜应能够稳固地固定在地面上，避免使用移动脚轮造成位移。

（5）当展示设施附着于地面、墙面、柱子等部位时应有牢固的构造措施。

（6）垂直面上展品宜布置在距离地面高度为 0.20～2.30m 范围内。

（7）满足轮椅使用者观看的展示设施前方应留有轮椅能够回转的空间，回转直径不小于 1.50m。

（8）满足轮椅使用者靠近观看的落地式展示设施下部应留有宽 750mm，高 650mm，深 450mm 供轮椅使用者膝部和足尖部的移动空间；高度不超过 650mm 的落地式展示设施底部应留有供轮椅使用者靠近时足尖部的移动空间，其平面尺寸为宽 760mm，深 430～635mm，立面尺寸为深 150mm（指轮椅脚踏板最外缘至设施底部落地处的水平距离），高 230mm。

（9）展示玻璃宜采用夹胶玻璃、贴膜玻璃、超白玻璃，透光度宜达到 90％以上。

（10）展柜高度应满足儿童和轮椅使用者的观看需要，展柜水平展示面的高度宜为 0.65～0.70m，或者将展示面设计成有倾斜角度的以增加视域范围。

（11）配有音频设备的展示设施听觉效果应满足视听障碍者的需求。

6.2　展示说明

（1）展示说明部分位置醒目、字体清晰、用字规范；

（2）宜设置和展示说明配套的语音信息、动态文字信息板；

（3）重要的展览性陈设宜设置盲文解说牌及触摸模型；

（4）说明宜中英文双语，也可根据需要增加其他语言翻译，如日语、韩语等；

（5）展示说明中如有非常见字、异体字、繁体字宜注上拼音；

（6）影片展示需配备相关语音说明及相应的字幕，根据情况增设指引性音频设备。

6.3 展示陈列区照明

（1）展示陈列区门厅地面（参考平面）照度标准值为200lx，序厅地面（参考平面）照度标准值为100lx。

（2）当展厅内只有一般照明时，地面最低照度与平均照度之比不应小于0.7。

（3）对于平面展品，最低照度与平均照度之比不应小于0.8，但对于高度大于1.4m的平面展品，则要求最低照度与平均照度之比不应小于0.4。

（4）只有一般照明的陈列室，地面最低照度与平均照度之比不应小于0.7。

（5）展品与其背景亮度比不宜大于3：1。

（6）展厅内一般照明的统一眩光值（UGR）不宜超过19。

（7）在观众观看展品的视场中，不应有来自光源或窗户的直接眩光或来自各种表面的反射眩光。

（8）观众或其他物品在光泽面（如展柜玻璃或画框玻璃）上产生的映像不应妨碍观众观赏展品。

（9）对油画或表面有光泽的展品，在观众的观看方向不应出现光幕反射。

（10）一般展品展厅直接照明光源的色温应小于5300K；对光线敏感展品展厅应小于3300K。

（11）在陈列绘画、彩色织物、多色展品等对辨色要求高的场所，应采用一般显色指数（Ra）不低于90的光源作照明光源；对辨色要求不高的场所，可采用一般显色指数不低于80的光源作照明光源。

（12）墙面宜用中性色和无光泽的饰面，其反射比不宜大于0.6。

（13）地面宜用无光泽的饰面，其反射比不宜大于0.3。

（14）顶棚宜用无光泽的饰面，其反射比不宜大于0.8。

7 报告厅、视听室

7.1 视听设施

（1）视听室内宜布置可移动式座椅，设置电化教育设施；设置有音频功放系统且容纳人数超过50人的视听区如报告厅、会议室等，应安装一个听力辅助系统。

（2）视听室布置固定式座椅时，其视线设计应使观众能看到舞台面表演区或投影屏幕区的全部；当条件受限制时，也应使视觉质量不良的坐席区的观众能看到不少于80％的内容。

（3）视听区应采取吸声、隔声设计；全封闭空间有条件时可设置空气调节。

7.2 轮椅席位

（1）报告厅、视听室、陈列室、展厅等设有观众席位时应至少设1个轮椅席位；300座以上时轮椅席位数量不应少于0.2％且不少于2个。

（2）轮椅席位深为1.10～1.20m，宽为0.80～0.85m。

（3）轮椅席位应设在便于到达疏散口及通道的附近，不得在公共通道范围内。

（4）轮椅席位的地面应平整、防滑，在边缘处宜安装栏杆或栏板。

（5）每个轮椅席位上观看演出和比赛的视线不应受到遮挡，但也不应遮挡他人的视线。

（6）在轮椅席位旁或在邻近的观众席内宜设置1：1的陪护席位。

（7）轮椅席位处地面上应设置无障碍标识。

7.3 视听区照明

（1）视听区前厅、休息厅照度标准值为75～200lx。

（2）视听区观众厅照度标准值为75～150lx；报告厅参考平面0.75m水平面处的照度标准值为300lx。

（3）视听区楼梯走廊照度标准值为15～30lx。

（4）用于观众疏散的事故照明，其照度不应低于0.5lx。

8 服务设施

8.1 服务设施

（1）提供语音电子导览系统。

（2）为老年人、残疾人或行动不便的人提供轮椅、婴儿车租借服务。

（3）特大型、大型文化类建筑应设置母婴室，设置存放行李的储物柜。

（4）特大型、大型文化类建筑应为聋哑观众提供有关展览主题的解说稿，提供助听器、手语导游等服务；为视障者提供有关介绍、展览简介的盲文宣传材料，使用盲文铭牌；运用多媒体系统为视听障碍者提供特殊的声音或画面服务；对智力障碍者选择特定展品，提供特殊导游服务；其他公共建筑有条件时可参考执行。

（5）公共区饮水点的布置宜与门厅、休息区相结合，每层不少于1处。

（6）售票处、服务台、问询处、休息厅等公众主要活动区内应设低位服务设施，低位服务设施上表面距地面高度为0.70～0.85m，下部留有宽750mm，高650mm，深450mm供轮椅使用者膝部和足尖部的移动空间。

（7）高度不超过650mm的低位服务底部应留有供轮椅使用者靠近时足尖部的移动空间，其平面尺寸为宽760mm，深430～635mm，立面尺寸为深150mm（指轮椅脚踏板最外缘至设施底部落地处的水平距离），高230mm。

（8）低位服务设施前方应留有轮椅能够回转的空间，回转直径不小于1.50m。

（9）低位设施如电话台、饮水机等设施的操作性按钮高度宜在0.90～1.10m，插座、开关等高度宜设在距地面0.90～1.20m之间，且不能低于0.40m。

（10）低位服务设施的显著位置处设置无障碍标志。

（11）阅览、展厅内提供老花镜、放大镜，以帮助视力较弱的人群；为视障者开设的展厅内设有盲文点选屏幕和语音讲解设备，配有自动导览车。

8.2 低位服务台

（1）设高低位服务台，低位服务台高度为0.70～0.76m，下部留有供轮椅使用者靠近时膝部和足尖部的移动空间；

（2）低位服务台两侧设安全抓杆，并设置语音提示及显示；

（3）服务台附近设置座椅和拐杖靠放的场所；

（4）服务台不应设置玻璃隔墙，避免影响视觉障碍者使用。

8.3 无障碍电话

（1）特大型、大型文化类建筑内至少应设有两部无障碍电话，中小型文化类建筑内宜设一部无障碍电话；

（2）挂式电话离地不应高于0.90m，电话台前有轮椅可接近的空间，电话两侧宜设扶手；

（3）在数个话筒中宜至少有一个是为听力残疾者安装扩声器，并附加照明信号；

（4）宜为视觉障碍者安装一个带有沟状或突起物的转盘或按钮式电话机。

8.4 饮水机

饮水机应符合下列规定：

（1）饮水机宜配置在离开通行路线的凹陷处；

（2）设高低位饮水器（低位饮水器应符合低位服务设施的要求）；

（3）饮水龙头可选用温度感应式出水、杠杆式或简单的按钮式等便于操作的水龙头；

（4）饮水器及开关统一设在前方，宜手脚都能操作。

8.5 自动售票机、售货机

（1）至少设有一个自动售票机、售货机可供轮椅使用者使用（即符合低位服务设施的要求）；

（2）至少设有一个售票机的各种按钮用盲文标出，在售票机附近配备盲文价目表和呼叫按钮；

（3）投币口和退币口应便于使用。

8.6 餐饮服务

（1）公共餐厅应配有总用餐数 2%～5% 数量的活动座椅，供轮椅使用者使用；

（2）以儿童、青少年为主要服务对象的文化类建筑，餐饮区宜配置总用餐人数 5%～10% 的儿童座椅。

8.7 服务区照明

（1）售票处台面照度标准值为 300lx；

（2）寄存处地面照度标准值为 150lx；

（3）纪念品销售处参考平面 0.75m 水平面处照度标准值为 300lx；

（4）食品小卖部参考平面 0.75m 水平面处照度标准值为 150lx；

（5）休息处地面照度标准值为 100lx。

9 卫生设施

9.1 公共厕所的无障碍设计

（1）小型文化类建筑应配备空间较小的轮椅使用者专用的无障碍厕位，并考虑轮椅使用者进入方便；

（2）女厕所的无障碍设施包括至少 1 个无障碍厕位和 1 个无障碍洗手盆；男厕所的无障碍设施包括至少 1 个无障碍厕位、1 个无障碍小便器和 1 个无障碍洗手盆；

（3）厕所的入口和通道应方便轮椅使用者进入和进行回转，回转直径不小于 1.50m；

（4）厕所的门应方便开启，通行净宽度不小于 900mm；

（5）地面应防滑、不积水；

（6）公共区厕所应设置儿童洗手台、儿童小便池；学龄前儿童活动区的厕所宜有 50% 以上卫生设备设为儿童使用。

9.2 无障碍厕位

（1）无障碍厕位应方便轮椅使用者到达和进出，尺寸不小于 1.80m×1.00m，有条件时做到 2.00m×1.50m；而改造项目的无障碍厕位可以是 0.90m×1.80m。

（2）无障碍厕位的门宜向外开启，如向内开启，需在开启后厕位内留有直径不小于 1.50m 的轮椅回转空间，门的通行净宽不小于 900mm，平开门外侧设高 900mm 的横把手，在关闭的门扇里侧设高 900mm 的关门拉手，并应采用门外可紧急开启的插销。

（3）厕位内应设坐便器，厕位两侧距地面 700mm 处设长度不小于 700mm 的水平安全抓杆，另一侧设高 1.40m 的垂直安全抓杆。

（4）无障碍厕位应设置无障碍标识。

9.3 无障碍厕所

（1）特大型、大型文化类建筑应设无障碍厕所（兼亲子厕所），可供包括肢体障碍者、视力障碍者、孕妇、儿童等人群使用，为提高无障碍厕所的利用率，内部宜设尿布台、儿童马桶等，从而扩大其使用范围。

（2）无障碍厕所位置应设在门厅、休息厅等附近易于找到，并靠近公共厕所，附近走道墙上宜设有帮助老年人、体弱者行动的扶手，应方便轮椅使用者进入和进行回转，回转直径不小于1.50m。

（3）特大型、大型文化类建筑及设有盲人阅览、体验展厅的中小型文化类建筑，无障碍厕所出入口处应设置提示盲道，且盲道的铺设应和周围盲道延续起来。

（4）当采用平开门，门扇宜向外开启，如向内开启，需在开启后厕位内留有直径不小于1.50m的轮椅回转空间，门的通行净宽不小于900mm，平开门外侧设高900mm的横把手，在门扇里侧应采用门外可紧急开启的门锁。

（5）地面应防滑、不积水。

（6）内部应设坐便器、洗手盆、多功能台、挂衣钩和呼叫按钮。

（7）多功能台长度不小于700mm，宽度不小于400mm，高度为600mm。

（8）洗手盆上方安装垂直平面镜，镜面宜长1.00m，宽450mm，离洗手盆台面50mm，并设置照明装置。

（9）挂衣钩距地高度不大于1.20m。

（10）在坐便器旁的墙面上距地面高400～500mm处设呼叫按钮。

（11）厕所内卫生设施与室内背景饰面宜有亮度反差或颜色对比，方便识别。

（12）入口应设无障碍标识。

9.4 厕所里其他无障碍设施

（1）无障碍小便器下口距地面高度不应大于400mm，小便器两侧应在离墙面250mm处，设高度为1.20m的垂直安全抓杆，并在离墙面550mm处，设高度为900mm水平安全抓杆，与垂直安全抓杆连接。

（2）无障碍洗手盆的水嘴中心距侧墙大于550mm，其底部留出宽750mm，高650mm，深450mm供轮椅使用者膝部和足尖部的移动空间，并在洗手盆上方安装镜子，出水龙头宜采用杠杆式水龙头或感应式自动出水方式。

（3）安全抓杆安装牢固，直径为30～40mm，内侧距墙不小于40mm。

（4）取纸器设在坐便器的侧前方，安装高度为400～500mm。

9.5 厕所照明

（1）厕所地面照度标准值为100lx；

（2）洗手盆台面照度标准值为180lx；

（3）男厕小便器正上方距墙面300～400mm处应设置达到地面照度为100lx以上的照明装置。

10 标识系统

10.1 标识设计

（1）公共信息标识的文字与图形设计、导向标识与位置标识设计应符合国家现行相关规范的要求，并采用适宜的方式以确保满足无障碍需求；

（2）建筑室内如需设置安全标识和消防安全标识，其设计与设置应符合国家现行相关规范的要求。

10.2 标识安装

（1）位置标识应设置在目标的上方或紧邻目标物。

（2）仅在看不到位置标识时才需设置导向标识，导向标识与位置标识之间的导向信息应连续。

（3）房间与空间的固定名称识别标识应安装于墙面上门的门把手一侧，安装于另一侧有可能会被打开的门遮挡；如果这一侧的墙面没有空间或是双扇的门，标识应安装于距离最近的临近墙面。

（4）导向标识附着式安装时，标识载体的上边缘与地面之间的垂直距离不应小于2.00m，以保证标识上的信息不被遮挡。

（5）位置标识附着式安装时，应将标识设置在水平视线的高度，即标识载体的上边缘与地面之间的垂直距离约为1.60m；如果位置标识需要在更大距离上被识别，则标识载体的下边缘与地面之间的最小距离不应小于2.00m。

（6）标识悬挂安装时，标识载体的下边缘与地面之间的垂直距离（最大净空高度）不应小于2.20m。

（7）宜在中低位置增设标识以方便肢体障碍者如轮椅使用者、视觉障碍者和儿童的辨识，并不应产生潜在人身危险。

（8）特大型、大型文化类建筑及设有盲人体验展厅的中小型文化类建筑，对外主要入口或门厅显眼位置应设有盲文的触觉平面地图，以指示主要公用设施的位置。

10.3 标识设置原则

10.3.1 入口

（1）应在入口处外侧设置醒目的文化类建筑名称标识，建筑入口和出口处设置相应的位置标识。

（2）群体布置的建筑宜在场地或主建筑入口处内侧邻近道路节点处，设置售票、总服务台、各建筑物、主要户外服务区域及停车场的导向标识，且应尽可能通过颜色、大小等方法突出总服务台导向标识。

（3）在主要入口内的适当位置设置建筑分布的平面示意图，宜设置该建筑物的信息板，以提供有关展示功能、服务功能及公共设施的分布信息。

（4）应在主要入口内的适当位置为专用出入口的建筑物设置导向标识。

10.3.2 售票厅

（1）在售票厅的入口上方应设置售票厅的位置标识；

（2）在售票厅内宜设置建筑的规划平面图或参观路线图、便携印刷品；

（3）售票窗口应设置相应的位置标识，当有多个售票窗口时，售票窗口应编号。

10.3.3 展示场所的门厅、前厅、交通设施

（1）展示信息的提供方式和相关导向要素的设置应根据前台服务（如咨询、租借轮椅、语音导览系统）、观展、观演、休息、纪念品销售等主要参观环节综合规划；

（2）在具有明确功能区域的入口处设置位置标识，如"××展厅""报告厅"，并在需要的位置设置"请勿吸烟""保持安静"等图形标识；

（3）在门厅、前厅或交通设施恰当位置处设置电梯、楼梯、公共厕所等公共设施的导向

标识，并保证电梯、楼梯导向标识的醒目及可视，以方便观众识别；

（4）在出入口、展厅入口、楼梯和电梯附近以及主要导向节点处设置平面示意图和信息板，平面示意图应给出建筑设施分布信息或是示意区域内主要展示信息和无障碍服务信息；

（5）宜在展示大厅等设施入口附近设置参观流程图并给出主要观展活动的程序，如报告厅入口附近设置节目安排信息表等；

（6）楼梯口的适当位置宜设置本层平面示意图；

（7）电梯内部和（或）电梯外部墙面的显著位置应设置各楼层的信息板，楼梯口附近应设置导向标识提供当前层和相邻层的信息，且当前层的位置信息应用"本层"标识，或设置包含上、下层和本层信息的信息板；

（8）自动扶梯或自动坡道起步处上方且垂直于运行方向设置导向标识，提供相邻层的参观信息；

（9）自动扶梯、自动坡道的起步处应设置安全提示标识。

10.3.4 服务区

（1）服务台、咨询处等应设置位置标识，并宜根据需要设置导向标识；

（2）休息、餐饮、纪念品销售等服务区域应设置位置标识，且所在楼层应设置导向标识；

（3）公共厕所的男厕及女厕应使用大型符号，且有关符号与背景有亮度对比。

10.3.5 展示、视听功能区

（1）应在展示区的专用入口设置标识，如"瓷器展厅""书画展厅"；

（2）在需要的位置设置"禁止拍照"图形标识；

（3）在设计展示区的各导向要素时，可用区域标识色区分不同展示对象的展区，如适合盲人和视觉障碍人士的"可触摸式展区"、适合儿童的"儿童涂鸦室"；

（4）应从建筑入口处至报告厅入口设置连续的导向标识，并可设置导向线；

（5）报告厅的出入口或门厅应设置报告厅平面示意图或信息板，并应设置舞台、观众区和轮椅席位、消防疏散通道和出口的导向标识；

（6）消防疏散通道和出口的导向标识及位置标识应保证室内光线不足和紧急情况下可见；

（7）应在主要展示活动区的通道上设置所在建筑主要出口的导向标识，以方便观众观展完毕离开。

10.4 标识照明

（1）标识表面照明的照度应不低于 $100\sim300$lx，且照明均匀；

（2）标识表面照明不会被环境光源或标识正前方和正后方的光源超越。

10.5 无障碍标识

10.5.1 听力障碍标识

（1）安装了听力辅助系统的区域，应设置国际通用的"听力障碍"标识，宜通过提供视觉信息来消除听觉信息缺失造成的障碍，如采用文字（字幕）、手势方式（手语）。

（2）要求有音量调节的电话机应该使用有电话机与声波图案的标识。

（3）要求使用服务于听障人士的文字电话（TTY）应使用国际 TTY 标识，指明最近的文字电话位置的指示标识位于非文字电话台的旁边，同时应该包含国际 TTY 标识；如果某设施没有电话台，则指示标识设于入口处，如入口的楼层介绍处。

10.5.2　视力障碍标识

（1）有视力辅助设施的区域，应设置国际通用的"视力障碍"标识，宜通过提供非视觉信息来消除视觉信息缺失造成的障碍，如声音提示装置、触摸式标识、有声辅助设施、提示盲道等；

（2）盲文标识必须采用国际通用的盲文表示方法，盲文设置位置应便于视觉障碍者触摸。

10.5.3　无障碍标识

（1）设有无障碍设施的导向标识中应设无障碍辅助标识，并在相应设施的入口或位置设置位置标识，如无障碍入口、无障碍通道、设有轮椅席位的报告厅、设有无障碍厕位的公共厕所等，且无障碍标识应醒目，避免遮挡；

（2）无障碍标识的设置应与公共场所内其他导向标识衔接，以保证博物馆内导向系统信息的连续性；

（3）独立的无障碍设施宜单独设置位置标识和导向标识；

（4）无障碍标识宜采用发光材料制作。

本指导书条文说明（节选）

1　总则

1.1　本条指出了制定本指导书的目的。无障碍环境是老年人、残疾人等行动不便者参与社会生活的基本条件，也是方便所有人出行和生活的重要基础。随着文化类公共建筑的发展，现行《无障碍设计规范》内有关公共建筑无障碍设计部分的条文已不能满足文化展示类建筑无障碍环境建设的要求，为完善文化类建筑无障碍设计要求，规范文化类建筑无障碍设施建设行为，创造文化类公共建筑无障碍环境编写了本指导书。

1.2　本条明确了本指导书适用的范围和建筑类型，本指导书未涉及的其他类型公共建筑有类似无障碍设计需求的，可参考执行本指导书中的相关要求。

1.3　无障碍设计是建筑设计和室内设计的重要组成部分，因此无障碍设计应在服从建筑和室内设计总体安排的前提下，与建筑和室内设计的相应阶段配合，以完善文化类建筑功能、技术、美观、安全等方面的要求。在建筑及室内设计完成施工后对无障碍设施进行修补则无法确保无障碍环境的完整性和统一性，并带来不必要的经济损失。因此，无障碍设计与建设项目同步设计、施工和交付使用，也就是将无障碍设计贯穿在建筑建设项目全周期才会更加经济、合理。

1.6　文化类建筑无障碍设计除参考本指导书外，还应符合国家现行的有关标准与规范，做到相辅相成、和谐统一。

3　主要出入口

3.1　出入口是文化类建筑交通路线的重要组成部分，识别度高的出入口便于引导所有的公众进出，并强化人们对建筑的总体印象。

3.2　无障碍入口是为了方便行动不便者进入建筑的入口，由于入口设置坡道对乘轮椅、推婴儿车、携带行李等行动不便的人群提供了便捷、安全的通行条件，同时也为普通人提供方便。本条和《无障碍设计规范》（GB 50763—2012）的相关内容统一，并指明出入口盲道与周边盲道的连续性，以方便视觉障碍者使用。

3.3　本条规定了出入口门的类型以及自动门的设置要求。

3.4　出入口地面应考虑无障碍设计，除考虑普通人行走方便需要还应考虑到轮椅通行时地面平整、防滑的要求。特大型、大型文化类建筑及设有盲人体验、触摸式展厅的中小型文化类建筑应设有室内外延续的盲道，以方便视觉障碍者的活动。

3.5　出入口除了考虑轮椅通行方便，还应考虑视听障人群的需求，因此设置音响装置和手语服务也是必要的。

3.6　出入口安全疏散也是应统筹考虑不同环境障碍者的需求。

4　无障碍交通设施

4.2　本条规定了无障碍扶手设置的部位，同时对无障碍扶手高度要求进行了修正。人体模拟实验表明，合适的扶手高度大概是在手功能高到肘功能高度范围内，有助于保持正确的身体姿势和平衡，并可使上肢放置在舒适的位置上；双层扶手更兼顾了老年人、儿童的使用。根据人体尺寸测量实验，我国成年男性手功能高和肘功能高度的修正值（增加值）分别是18mm、22mm，女性手功能高和肘功能高度的增加值分别是22mm、28mm；坐姿时男性、女性肘功能高度的增加值为9～12mm。因此建议无障碍双层扶手的高度宜增加10～20mm，即上层扶手高度应为870～920mm，下层扶手高度应为660～710mm。扶手端部设置标有层数、方向等信息的盲文示意图便于视觉障碍者使用。

4.3　无障碍通行门的最小净宽为900mm。调研表明，手推轮椅使用者进出净宽小于800mm的单扇门时手很容易在轮椅和门框间夹伤，需要开门或关门时轮椅不容易笔直进出，电动轮椅者进出时也很难操控。因此，综合考虑多年来我国成年人身高体宽的增加以及轮椅使用者模拟实验数据，即实验者乘坐轮椅双手扶手轮时，正面坐姿总宽度为810～900mm，且百分位数据满足度至少为90%，因此无障碍通行门的最小净宽应为900mm。

5　室内公共交通

5.1　建筑大厅是综合了交通集散和服务、休息等功能的综合性空间，大厅内设置盲道将帮助视觉障碍者确认相对位置，以使视觉障碍者能准确、安全地在建筑室内进行活动。调研发现，公共建筑在大厅内设置盲道具有明显的导向作用，不仅方便视力残疾者，而且完善了大厅的集散功能。大厅地面装饰与盲道结合，应注意盲道材质与地面材料既要形成对比又要整体协调，使无障碍设施和室内环境形式统一。

5.2　走廊、通道净宽、净高应满足公众无障碍通行的需要，综合考虑人流量大小、轮椅通行、扶手及疏散要求等因素。

美国《无障碍设计标准》和我国《无障碍设计规范》都对无障碍通道的垂直净空和突出物做出了规定。从墙上突出或从高处悬吊下的物体对有视力障碍的人来说很难避开。室内装饰装修中突出物是指有关设施和装饰物。在室内装饰装修设计中可把突出物布置在凹进的空间里或把他们设置在距地面高度不大于0.60m的靠近地面处，即处于手杖可探测的范围之内，则可以避免伤害。考虑到多年来我国成年人身高的增加以及心理感受因素，有条件时，无障碍通行最小净高宜为2100mm。

在走廊和通道的转弯处做成曲面或折角，不仅仅为了防止碰撞事故的发生，而且也便于轮椅车左右转弯，同时能减少对墙面的损坏。在较长的走道中步行困难者、高龄者需要在途中休息，因此走道不宜过长；如果走道大于60m需设置不影响通行的可以进行休息的场所。

5.3　展示和视听功能区的出入口及通道无障碍设计是保障人们活动便捷和安全的重要组成部分。本条内容和现行《建筑防火设计规范》（GB 50016—2014）相关内容统一，同时视听区应考虑乘轮椅者通行、观看无障碍的需要。

5.4 出入口地面应考虑无障碍设计，粗糙和松动的地面（如地毯）会给轮椅使用者的通行带来困难，积水地面对拄拐者的通行造成危险，光滑的地面对任何步行者的通行都会有影响，突显的图案也会干扰视线。

另外，特大型、大型文化类建筑及设有盲人体验展厅的中小型文化类建筑，室内应设盲道或触觉引路带，位置是从门厅入口处至服务台/问询处、盲文及触觉平面地图、装有盲文示意图扶手的楼梯以及附有发声装置的无障碍电梯等范围。

5.5 楼梯、电梯、坡道等是文化类建筑的重要垂直交通设施，是行动不便者无障碍通行的基本条件，也是保持无障碍流线连贯、完整的重要环节。

楼梯无障碍设计主要考虑老年人、儿童和视觉障碍者的特殊需求，比如楼梯使用双层扶手，方便老年人、儿童使用；对视觉障碍者来说寻找发现台阶的起点、终点比较困难，因此不应在室内宽敞区域内突然有上升或下降；踏步起点和终点处设置提示盲道是为了提示视觉障碍者所在位置接近有高差变化处；楼梯踏步的踏面和梯面的颜色宜有区分和对比，以引起使用者的警觉和加强弱视者的辨别能力。另外楼梯连续的台阶中每个踏步的尺寸最好保持一致，避免突然变化造成行走不适。

5.6 无障碍电梯与普通电梯不同，在许多基本功能方面必须进行特殊考虑，这些功能决定残疾人群使用电梯的能力。本条和《无障碍设计规范》（GB 50763—2012）的相关内容统一，并补充了脚踏按钮设置，以及电梯操作按钮安装处的盲道与周边盲道连续性的要求，以方便轮椅使用者和视觉障碍者的使用。

5.7 自动扶梯是一种重要的垂直交通设施，我国一些特大型文化类建筑室内有使用，如首都博物馆。一般性能和规格的自动扶梯都能满足拄拐杖和老年人使用；采用可供轮椅使用者使用的自动扶梯也是体现现代建筑文明进步的特征。可供轮椅使用者使用的自动扶梯上下乘降口前有 1.50m×1.50m 的轮椅活动空间，在上、下扶梯行进时，大小轮分别落在前后两个踏步面上，轮椅使用者手扶扶手就可随扶梯平稳向上运行。

6 展厅、陈列室

6.1 展示设施是无障碍观展的重要设施，其形式、高度、灯光配置等设计直接影响观众观赏效果和安全保障。

现在我国博物馆、美术馆的绘画、照片、图片资料等平面形式展品在竖向展示面布置时，一般将展品中心线布置在视高线附近，使观众平视。根据人体尺寸测量实验结果表明，当前我国成年男女站立时平均视高约为 1540mm。轮椅使用者的视高取我国成年男性和女性坐姿眼高第 50 百分位的平均值，再加上标准轮椅坐面高度 450mm，约为 1233mm；综合考虑一般轮椅使用者为肢体残疾人或上了年纪的老年人，其人体尺寸与健康人人体尺寸相比更低些，大概低 3% 左右，因此视高修正后取 1233×0.97＝1196（mm）。根据实验确定的站立时和坐轮椅时舒适观看的视角范围，通过图示计算得到展品布置在距地面 200～2300mm 范围内时平视观看比较舒适。

满足乘轮椅观众观看的无障碍展示设施底部应留有供轮椅使用者膝部和足尖部的移动空间，我国现行规范要求的最小尺寸为宽 750mm，高 650mm，深 450mm。本条补充了关于高度不超过 650mm 的无障碍设施底部留有供轮椅使用者靠近时足尖部的移动空间；其尺寸数据是根据轮椅尺寸以及模拟坐轮椅时人体模拟实验结果而确定。

另外，满足儿童和轮椅使用者的观看需要的展柜高度也是综合考虑普通观众、坐轮椅观众以及儿童视线高度特征经过实验计算确定。

6.2 展示说明是对展品历史、内容、背景等信息的扩展和补充，有利于观众更好地理解和欣赏展品，应综合考虑不同类型观众如视觉障碍、听觉障碍、语言障碍如外国人等群体阅读需要。

展示说明中的字体应造型简单明确，清晰易读，传达功能强。因为作为观众站在墙面前阅读这些中英文文字时，每分钟不会超过一百字，而在博物馆里步行观众的阅读速度会更低。研究表明，简洁明确的无饰线体字更具备阅读优势和节省空间。无饰线体字是一种字母末端没有短线装饰线的字体，所有起承转合的变化都是一样粗细；而黑体字就是一种具有简洁无装饰、突出醒目特征的中文字体。当博物馆室内装饰环境要求说明文字具有文化性、艺术性而采用隶书、行楷之类的书法字体时，应注意字体大小、比例、间距及其和背景的对比度关系等，文字内容不宜过长（除非文字本身就是艺术展品），生僻字应注有拼音。

6.3 文化类建筑的展厅照明不仅要为观众提供良好的视觉环境，还要遵循保护展品、反映展品特色，渲染场景气氛等原则，使观众在视觉和心理上都获得满足。展厅人工照明应使照明度平均，能真实地显示出展品本身的色彩，不刺目，不制造强光及黑影。在适当的时候，灯光应照及讲演者面部，以便易于交流和沟通。本条和《博物馆建筑设计规范》（JGJ 66—2015）、《博物馆照明设计规范》（GB/T 23863—2009）的相关内容统一。

7 报告厅、视听室

7.1 报告厅、视听室视听设施无障碍设计应满足优良的视觉和音响效果。

7.2 本条规定了轮椅席位设置范围和数量要求，其他内容和《无障碍设计规范》（GB 50763—2012）的相关内容统一。

7.3 报告厅的观众厅、视听室照明应采用平滑调光方式，并防止不舒适的眩光。观众厅照明宜根据使用需要多处控制，观众厅或视听室及其出口、疏散楼梯间、疏散通道以及演员和工作人员的出入口，应设有应急照明。观众厅的疏散标志灯宜选用亮度可调式，演出时可减光40%，疏散时不应减光。

8 服务设施

8.1 本条规定了文化类建筑服务设施设置的范围和内容，综合考虑了各类存在环境障碍者阅览、学习和观展等方面的需求。满足轮椅使用者使用的低位服务设施底部应留有供膝部和足尖部的移动空间，其尺寸数据以及低位设施操作性按钮高度尺寸数据都是根据轮椅尺寸以及坐轮椅的人体模拟实验结果而确定。

8.2 在文化类建筑的售票处，门厅的服务台、问询处、休息厅等公众主要活动区内，轮椅使用者、老年人及儿童经常会遇到服务窗口、咨询台过高，轮椅无法靠近等困难。为给这些人群提供方便，服务窗口、咨询台的局部应有符合无障碍设计低位服务设施。服务台两侧设置安全抓杆，将给拄拐杖行走的肢体残疾者、老年人带来方便，提高服务台使用价值。

8.3 尽管手机的使用越来越普及，但公用电话对于外出活动的人包括行动不便人群，仍具有重要的作用，室内安装无障碍电话是无障碍信息设施系统化的一部分。在人流量大的特大型、大型文化类建筑内应设有2部无障碍公用电话，中小型文化类建筑内宜设1部无障碍公用电话，供听力、视力、肢体残疾者适用。无障碍公用电话的位置应设置在门厅、休息厅等人员相对比较集中的地方，与一般公用电话统一布置，并设有无障碍标志。为方便各类人群使用，无障碍电话还应设有盲文按键、助听装置、扶手、防撞栏杆等；为了引导行动路线和到达无障碍设施处，无障碍公用电话前应设提示盲道，和周围盲道连续起来，并设有明显的引导标识。

9 卫生设施

9.1 本条规定了公共厕所内设置无障碍厕位的原则以及增设儿童卫生设施的要求。小型文化类建筑因建筑面积较小，厕所面积也有限，为保证残疾人的生理活动得到正常满足，应配备空间较小的轮椅使用者专用的无障碍厕位，并考虑轮椅使用者进出及使用方便。

9.3 本条规定了特大型、大型文化类建筑应设无障碍厕所的原则，可供包括肢体障碍者、视力障碍者、孕妇、儿童等行动不便者使用，为提高无障碍厕所的利用率，内部最好设尿布台、儿童马桶等，从而扩大其使用范围。无障碍厕所应设在门厅、休息厅等附近易于找到且使用方便的场所。厕所内卫生器具及设备、扶手、取纸器等宜与墙壁、瓷砖有不少于30％的亮度对比，方便识别。厕所内的污水管、垃圾桶及其他设施应放置妥当，不应随便丢弃在洗手盆下面，以避免对使用者造成障碍或绊倒的危险。

9.5 本条规定了公共厕所照明要求的内容。洗面盆正上方应设照明装置，且台面照度应达到180lx以上。对于使用者而言，充足的光线方便使用者从事各种清洁行为。小便器正上方设置灯具则可帮助使用者如厕时看得清楚，进而愿意更靠近小便器，减少滴尿；对于清洁工作人员而言，照明装置有助于其看清楚脏污所在，方便清洁、查验。照明装置可以选用照明排灯、筒灯或嵌入式灯具，设置数量应达到小便器数量的1/2，并且设置于两个小便器之间隔板墙的上方。

10 标识系统

10.1 与文化类建筑公共信息标识设计相关的国家标准包括：

(1) 中华人民共和国国家市场监督管理总局，中国国家标准化管理委员会.公共信息导向系统 设置原则与要求 第1部分：总则 [S].北京：中国标准出版社，2020.

(2) 中华人民共和国国家质量监督检验检疫总局，中国国家标准化管理委员会.标志用公共信息图形符号 第9部分：无障碍设施符号 [S].北京：中国标准出版社，2008.

(3) 中华人民共和国国家质量监督检验检疫总局，中国国家标准化管理委员会.公共信息导向系统 导向要素的设计原则与要求 第2部分：位置标识 [S].北京：中国标准出版社，2013.

(4) 中华人民共和国国家质量监督检验检疫总局，中国国家标准化管理委员会.公共信息导向系统 导向要素的设计原则与要求 第6部分：导向标识 [S].北京：中国标准出版社，2013.

(5) 中华人民共和国国家质量监督检验检疫总局，中国国家标准化管理委员会.公共信息导向系统 导向要素的设计原则与要求 第7部分：信息索引标识 [S].北京：中国标准出版社，2014.

(6) 中华人民共和国国家质量监督检验检疫总局，中国国家标准化管理委员会.公共信息导向系统 基于无障碍需求的设计与设置原则 [S].北京：中国标准出版社，2014.

(7) 中华人民共和国国家质量监督检验检疫总局，中国国家标准化管理委员会.公共信息图形符号 第1部分：通用符号 [S].北京：中国标准出版社，2012.

与安全消防标识设计及其设置相关的国家标准包括：

(1) 中华人民共和国国家质量监督检验检疫总局，中国国家标准化管理委员会.安全标志及其使用导则（GB 2894—2008）[S].北京：中国标准出版社，2009.

（2）中华人民共和国国家质量监督检验检疫总局，中国国家标准化管理委员会.消防安全标志　第1部分：标志（GB 13495.1—2015）[S].北京：中国标准出版社，2015.

（3）国家技术监督局.消防安全标识设置要求（GB 15630—1995）[S].北京：中国标准出版社，1996.

10.2　标识安装应方便肢体障碍者如轮椅使用者、视觉障碍者和儿童的辨识。根据肢体障碍者、视觉障碍者和儿童的视线特点，增设中低位标识更能便于他们的视读。中位是参考乘轮椅者水平视线高度约为1.20m，低位设置是指紧靠墙面踢脚线位置或地面设置的方式。

10.3　标识必须为公众活动提供清晰的方向及指示，为向残疾人清楚指明可供使用设施的准确位置，必须在适当地方设置无障碍标识。导向标识指示方向的箭头及图像资料必须设置在显眼的位置，并与国际通用的无障碍标识一起使用，以引导残疾人前往无障碍设施的准确位置。标识设计应注意以下几点：

（1）标识必须清楚和容易读懂、理解，以协助认知或感官受损的人。

（2）建议使用颜色鲜艳及亮度对比大而又形状特别的明显标识，为年老者提供清晰的指示。

（3）标识设置还应考虑视力受损者的安全。建议使用声播资讯设施、触觉点字及亮度对比大的标识。

（4）特大型、大型文化类建筑及设有盲人体验展厅的中小型文化类建筑，应在出入口或门厅的显眼位置为视力受损者安装盲文及触觉平面地图，以指示主要出入口、公共厕所及主要公用设施的位置。

（5）对视力受损人士而言，建议使用大字体、更显著及明确的标识。

10.5　如有为听力受损者而设置的听力辅助系统，应设置国际通用"听力障碍"标识，如附图1所示，国际通用的"无障碍到达"标识（附图2）的图案与底色的亮度对比，形成至少70%的反差。较光亮的图案可对比较黑暗的底色，或较黑暗的图案对比较光亮的底色。轮椅标识中的轮椅图案一般用白色，底色为蓝色。

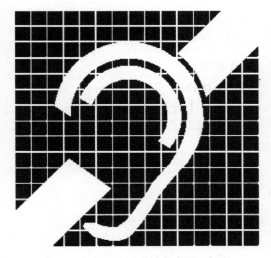

附图1　国际通用"听力障碍"标识

附图2　国际通用"无障碍到达"标识

附录 2

无障碍环境研究调查问卷
（自编）

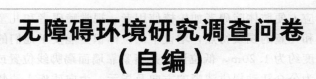

文化类公共建筑无障碍环境研究调查问卷（A）

您好！本问卷是为研究博物馆、美术馆等文化类建筑观众室内无障碍环境需求而设计的，非常感谢您花费几分钟的时间填答我们的匿名问卷！请您根据自己所参观使用此类建筑的亲身经历和体会，逐项回答以下问题。您的回答对于我们的研究工作十分重要，谢谢支持！

1. 您的性别：   和您同行的未成年人的性别：

☐ 男   ☐ 男

☐ 女   ☐ 女

2. 您的年龄：

☐ 18 岁以下

☐ 18～29 岁

☐ 30～39 岁

☐ 40～59 岁

☐ 60 岁及 60 岁以上

3. 您的职业：

☐ 学生   ☐ 职员

☐ 工人   ☐ 个体户

☐ 企业家   ☐ 高层主管、工程师

☐ 中层干部、技术员、领班   ☐ 农民

☐ 自由职业   ☐ 教师

☐ 艺术家、艺术专业技师   ☐ 其他

4. 您来博物馆、美术馆参观展览，是为了：

☐ 增长见识

☐ 学习研究

☐ 兴趣，满足个人好奇心

☐ 和朋友共享乐趣

☐ 教育孩子，增长知识

☐ 旅游休闲，丰富业余生活

☐ 增加与人谈话的资料

☐ 应付旅行社的安排

☐ 打发时间

5.您平均每年参观的频次是？

☐ 1～2 次

☐ 3～6 次

☐ 7～12 次（平均每个月或每 2 个月去 1 次）

☐ 12 次以上（平均每个月去 1 次以上）

☐ 从未去过

6.您喜欢以哪一种形式参观博物馆、美术馆？

☐ 集体组织

☐ 单独

☐ 与家人一起

☐ 与朋友或同学一起

7.您通常在博物馆、美术馆停留的时间是：

☐ 半小时之内

☐ 1 小时左右

☐ 2～3 小时

☐ 3 小时以上

8.您使用馆内设备时的用手习惯：

☐ 习惯使用右手

☐ 习惯使用左手

☐ 左右手都可以

9.您的行动状况如何？

☐ 行动状况良好

☐ 行动缓慢，但无需任何支撑可行走，不需乘坐轮椅

☐ 行动有困难，用手杖、支撑架和拐杖可行走，不需乘坐轮椅

☐ 行动困难，用诸如墙上扶手支撑可行走，需乘坐轮椅

☐ 根本不能行走，必须乘坐轮椅

10.您的视力状况如何（第 4 项可和其他选项同时选择）？

☐ 视力良好或佩戴近视眼镜后达到良好

☐ 弱视未矫正

☐ 视力衰退，需佩戴老花镜

☐ 色弱或色盲

☐ 全盲

☐ 其他

11.您是否存在下述环境或操作方面的障碍（可多选）？

☐ 无交流或环境操作方面的障碍

☐ 手的触及范围及握力小，难以进行精巧、细致的动作

□ 与人交流时需借助增音设备

□ 需借助视觉信号及振动信号进行活动

□ 因语言、文化差异对信息不能理解

12.您是否使用了博物馆、美术馆的下述馆内设施（没有可以不选)?

如果使用了,满意度如何?

请在使用的设施选项前划"√",并给出满意度"1、2、3、4、5"中的一个数字,"1"表示最不满意,"5"表示最满意。

请在"备注"中符合您实际情况的答案或答案后面的括号中划"√"。

是否使用或观看	满意度（分）					备注
	1	2	3	4	5	
□ 浏览博物馆、美术馆的标识形象						您对建筑的名称及标识形象是否有印象?（是、否)
□ 咨询服务台、问讯台						是否首次参观该建筑? (是、否)
□ 浏览大厅内的参观指示牌						
□ 取阅免费发放的画册、浏览图						是否首次参观本主题的展览? (是、否)
□ 租用录音导游机(录音解说)						
□ 租用轮椅						不需要(　　　) 自带　(　　　)
□ 租用婴儿车						
□ 浏览楼面示意图						是否首次使用该设施?（是、否)
□ 阅读展品旁的解说标识						是否首次使用该设施?（是、否)
□ 操作多媒体互动设施						是否首次使用该设施?（是、否)
□ 观看聆听馆内的影视音频						是否首次使用该设施?（是、否)
□ 查找公共厕所的导向标识						是否首次使用该设施?（是、否)
□ 使用公共厕所卫生设施						是否首次使用该设施?（是、否)
□ 查找休息区的导向标识						是否首次使用该设施?（是、否)
□ 使用饮水、电话、休息设施等						是否首次使用该设施?（是、否)
□ 在允许的情况下,给展品拍照						您拍照的原因是: 收集资料(　　)　　留作纪念(　　) 消遣娱乐(　　)　　其他　　(　　)
□ 在允许的情况下,给自己和同伴拍照						
□ 查找楼梯、电梯的导向标识						是否首次使用该设施?（是、否)
□ 使用楼梯						是否首次使用该设施?（是、否)
□ 使用电梯						是否首次使用该设施?（是、否)
□ 查找参观路线的导向标识						是否首次使用该设施?（是、否)
□ 查找建筑出入口的导向标识						是否首次使用该设施?（是、否)

13.您在博物馆、美术馆参观中遇到的最大的障碍（如行动方面、观展方面、服务方面和信息交流等方面）依次为:

(1)

(2)

(3)

文化类公共建筑无障碍环境研究调查问卷（B）

您好！本问卷是为研究博物馆、美术馆等文化类建筑观众室内无障碍环境需求而设计的，非常感谢您花费几分钟的时间填答我们的匿名问卷！请您根据自己所参观使用此类建筑的亲身经历和体会，逐项回答以下问题。您的回答对于我们的研究工作十分重要，谢谢支持！

1.您的性别：

☐ 男 ☐ 女

2.您的年龄：

☐ 18 岁以下 ☐ 18～29 岁
☐ 30～39 岁 ☐ 40～59 岁
☐ 60 岁及 60 岁以上

3.您的职业：

☐ 学生 ☐ 职员
☐ 工人 ☐ 个体户
☐ 企业家 ☐ 高层主管、工程师
☐ 中层干部、技术员、领班 ☐ 农民
☐ 自由职业 ☐ 教师
☐ 艺术家、艺术专业技师 ☐ 其他

4.您去博物馆、美术馆参观展览，是为了：

☐ 增长见识 ☐ 学习研究
☐ 兴趣，满足个人好奇心 ☐ 和朋友共享乐趣
☐ 教育孩子，增长知识 ☐ 旅游休闲，丰富业余生活
☐ 丰富与人谈话的内容 ☐ 应付旅行社的安排
☐ 打发时间

5.您平均每年参观的频次是？

☐ 1～2 次
☐ 3～6 次
☐ 7～12 次（平均每个月或每 2 个月去 1 次）
☐ 12 次以上（平均每个月去 1 次以上）
☐ 从未去过

6.如果您不是经常去博物馆、美术馆，那么主要原因是？（可多选）

☐ 展示内容和形式陈旧、不新颖，新展品少
☐ 博物馆、美术馆没有无障碍设施，去了不方便
☐ 路途远
☐ 途中不方便
☐ 观展不方便

7.如果博物馆、美术馆内拥有了较为完备的无障碍设施，老年人和残疾人都能够较为方

便的使用，且观展方便，您会经常去吗？

　　□ 会

　　□ 不会

　　□ 不一定，视情况而定

8.上题中，若您的回答是"不会"，那么主要原因是？（可多选）

　　□ 路太远

　　□ 路上不方便

　　□ 展示内容陈旧，新展品少，去了没意义

　　□ 其他（请简要写明原因）

9.您喜欢以哪一种形式参观博物馆、美术馆？

　　□ 集体组织

　　□ 单独

　　□ 与家人一起

　　□ 与朋友或同学一起

10.您通常在博物馆、美术馆停留的时间是：

　　□ 半小时之内

　　□ 1 小时左右

　　□ 2～3 小时

　　□ 3 小时以上

11.您在博物馆、美术馆里所遇到的障碍主要存在于哪些地方？（可多选）

　　□ 博物馆建筑入口、通道和门

　　□ 服务台（问讯、寄存、租借讲解系统）

　　□ 楼梯

　　□ 电梯

　　□ 走廊及大厅

　　□ 展厅入口

　　□ 展厅内部

　　□ 厕所

　　□ 空间导向、标识

　　□ 操作触摸屏、游戏或其他辅助设施

　　□ 馆内剧场影院

　　□ 其他地方（请写明）

12.您认为现在博物馆、美术馆室内环境为老年人、残疾人等群体提供的方便程度如何？

　　□ 很不方便

　　□ 不方便

　　□ 一般

　　□ 较方便

　　□ 方便

13.您认为现在博物馆、美术馆是否应安排专门的工作人员或志愿者在建筑出入口或大厅服务台为老年人和残疾人义务提供帮助？

☐ 没必要

☐ 无所谓

☐ 必要

☐ 非常必要

14. 您认为现在博物馆、美术馆是否应安排专门的手语翻译工作人员或志愿者？

☐ 没必要

☐ 无所谓

☐ 必要

☐ 非常必要

15. 您对您居住和主要活动场所附近的无障碍设施建设情况有何感受？（可多选）

☐ 较为完善

☐ 不够完善

☐ 面子工程，实用性不大

☐ 建得较多，但遭破坏及占用现象较严重

16. 您认为造成无障碍设施使用困难的主要原因是？（可多选）

☐ 本身设计不合理

☐ 使用不连续

☐ 被他人侵占、破坏

☐ 老化破损

☐ 其他（请写明）

17. 您对博物馆、美术馆在为老年人、残疾人等群体服务方面有何建议？

非常感谢您对本研究的热情帮助，祝您愉快！

◆ 参考文献 ◆

[1] United Nations. 61/106. Convention on the Rights of Persons with Disabilities [S]. 2007. 8-10.

[2] 中华人民共和国住房和城乡建设部. 无障碍设计规范 [S]. 北京：中国建筑工业出版社，2012.

[3] 黄群. 无障碍通用设计 [M]. 北京：机械工业出版社，2009.

[4] United Nations. Convention on the Rights of Persons with Disabilities and Optional Protocol [S]. 2006.

[5] Otsu Japan. Draft BIWAKO millennium framework for action [S]. 2003.

[6] Architectural Services Department. Universal Accessibility-Best Practices and Guidelines [S]. 10.

[7] Jurgens，H. W. Anthropometric Reference Systems. Schmidtke，H.（Ed.）Ergonomic Data for Equipment Design [M]. NewYork：Plenum Press，1984：93-100.

[8] 谢和鹏. 人体工程学在室内设计中的应用 [J]. 黎明职业大学学报，2005（12）：17-19.

[9] 中华人民共和国住房和城乡建设部. 博物馆建筑设计规范（JGJ 66）（送审稿）[S]. 北京：中国建筑工业出版社，2016.

[10] 李志民，宁岭. 无障碍建筑环境设计 [M]. 武汉：华中科技大学出版社，2011.

[11] Premier's Council on the Status of Disabled Persons. Improving Universal Design Requirements in the New Brunswick Building Code [S]. 2007.

[12] 刘洋，朱钟炎. 通用设计应用 [M]. 北京：机械工业出版社，2009.

[13] North Carolina State University, the Center for Universal Design. the Principles of Universal Design [DB/CD]. http：//www. doc88. com/p-2894353202607. html，2014-4-8.

[14] 王毅勃. 城市公共设施中的通用设计研究 [D]. 沈阳：沈阳理工大学，2012.

[15] EDeAN European Design for All e-Accessibility Network. Design for All-All Users Included [S]. 2006.

[16] （美）狄里，美国亨利·德雷福斯事务所. 设计中的男女尺度（修订版）[M]. 魏泽崧，译. 天津：天津大学出版社，2008：26.

[17] 国家技术监督局. 中国成年人人体尺寸 [S]. 北京：中国标准出版社，1988.

[18] 胡传海. 中国无障碍设施技术标准体系建立与实施 [DB/OL]. http：//www. doc88. com，2013-4-5.

[19] 施徐华. 无障碍设计——浙江自然博物馆深化设计的思考 [J]. 浙江工艺美术，2007（12）：61-66.

[20] 刘卫华，曹敏. 无障碍博物馆——理念与实践 [J]. 博物馆研究，2008（1）：5-9.

[21] 沈晓林. 无障碍设计在博物馆展示设计中的应用 [J]. 牡丹江大学学报，2010（10）：110-112.

[22] 高森. 现代博物馆中的无障碍设计 [D]. 成都：西南交通大学，2010.

[23] 邹瑚莹，王路，祈斌. 博物馆建筑设计 [M]. 北京：中国建筑工业出版社，2002.

[24] 王小荣. 无障碍设计 [M]. 北京：中国建筑工业出版社，2011.

[25] （美）唐纳德·A·诺曼. 设计心理学 [M]. 梅琼，译. 北京：中信出版社，2010.

[26] 陆建松（编译）. 博物馆观众：调查与分析 [J]. 东南文化，1993（2）：179.

[27] 续颜. 自然博物馆目标观众研究 [J]. 中国博物馆，2003（4）：42-45.

[28] 潘守永. 2004—2005 年中国博物馆观众调查报告 [J]. 中国博物馆，2005（4）：49-53.

[29] 王丽华. 论博物馆观众流——博物馆观众现象思考之一 [J]. 中国博物馆，1999（3）：57-61.

[30] 曾曦. 现代展示博览会中的观众行为研究 [D]. 武汉：武汉理工大学，2006：19-21.

[31] 黄晓宏. 博物馆观众心理学浅析 [J]. 中国博物馆，2003（4）：50-52.

[32] 刘挺. 博览建筑参观动线与展示空间研究 [D]. 上海：同济大学，2007.

[33] 中华人民共和国信息产业部. 信息无障碍——身体机能差异人群——网站设计无障碍技术要求 [S]. 北京：中国盲文出版社，2008.

[34] Andrew Byrnes. Disability Discrimination Law and the Asia Pacific Region：Progress and Challenges in

the Light of the United Nations Convention on the Right of Persons with Disabilities [S]. 2009.

[35] 杨洋. 儿童关怀——德国博物馆设计 [D]. 西安：西安建筑科技大学，2011.

[36] 严建强. "博物馆疲劳"及其对策 [J]. 中国博物馆，1992（2）：85-89.

[37] 弗朗斯·斯考滕. 心理学与展览设计简述 [J]. 许杰，译. 博物馆管理，1987（9）：85-87.

[38] 王建国. 国外博物馆观众心理学研究及其对观赏环境设计的启示 [J]. 中国博物馆，1985（4）：22-25.

[39] 杨雅玲. 现代公共空间环境对人的心理作用 [D]. 长春：东北师范大学，2007.

[40] Edward T. Hall. The Hidden Dimension [M]. Anchor，1990. 10.

[41] FANG Z，LO S M，LU J A. On the Relationship Between Crowd Density and Movement Velocity [J]. Fire Safety Journal，2003，38（4）：271-283.

[42] 中华人民共和国国家经济贸易委员会. 控制中心人机工程设计导则　第2部分：视野与视区划分 [S]. 北京：中国电力出版社，1999.

[43] 陈琳. 博物馆环境标识系统设计研究——以云南民族博物馆为例 [D][硕士学位论文]. 云南：昆明理工大学，2011.

[44] 蔡镇钰，等. 建筑设计资料集4 [M]. 北京：中国建筑工业出版社，1994.

[45] 朱淳，邓雁. 展示设计基础 [M]. 上海：上海人民美术出版社，2006.

[46] 王振军. 生命的活力——2010年上海世博会沙特馆 [J]. 中国建筑装饰装修，2010（6）：108-113.

[47] 余卓群. 博览建筑设计手册 [M]. 北京：中国建筑工业出版社，2001.

[48] （英）塞尔温·戈德史密斯. 普遍适用性设计 [M]. 董强，郝晓赛，译. 北京：知识产权出版社，2003.

[49] 张勇一. 室内设计中的人体工程学分析 [J]. 怀化学院学报，2006（5）：119-121.

[50] 国家技术监督局. 在产品设计中应用人体尺寸百分位数的通则 [S]. 北京：中国标准出版社，1992.

[51] 马丽. 基于视觉尺度的公共空间设计方法探索——以中华艺术宫的设计实践为例 [J]. 装饰，2013（12）：92-93.

[52] 郭凡. 博物馆建筑的观众人数指标研究 [D]. 武汉：华中科技大学，2004.

[53] 王凡. 陈列设计与人体工学的关系 [J]. 中国博物馆，1990（3）：16-19.

[54] （英）詹姆斯·霍姆斯-西德尔，塞尔温·戈德史密斯. 建筑设计师和建筑经理手册——无障碍设计 [M]. 孙鹤，译. 辽宁：大连理工大学出版社，2002.

[55] Department of Justice. 2010 ADA Standards for Accessible Design [S]. 2010.

[56] 段勇. 美国博物馆的公共教育与公共服务 [J]. 中国博物馆，2004（2）：91.

[57] 刘连香. 美国博物馆教育资源的利用 [J]. 东南文化，2014（3）：109.

[58] 成斌. 住宅室内环境无障碍设计研究 [J]. 西南科技大学学报（哲学社会科学版），2005（9）：29.

[59] Report of the Executive Policy Committee. Universal Design Policy [S]. 2001.

[60] 马英民. 加拿大博物馆的理念与实践 [J]. 中国博物馆，2006（4）：92-96.

[61] 曹敏娜，刘荣增. 英国城市的无障碍环境建设 [J]. 城市问题，2003（1）：75-79.

[62] 王裕昌. 博物馆无障碍设施建设的理念与思考 [J]. 丝绸之路，2009（24）：87-90.

[63] 于沁然. 德国公共建筑无障碍体系研究 [D]. 沈阳：沈阳建筑大学，2012.

[64] （德）乔西姆·菲希尔，菲利普·莫伊泽. 无障碍建筑设计手册 [M]. 鄢格，译. 沈阳：辽宁科学技术出版社，2009.

[65] （德）菲希尔，莫伊泽. 无障碍建筑设计手册 [M]. 鄢格，译. 沈阳：辽宁科学技术出版社，2009.

[66] Linan，高桥仪平. 日本无障碍设计 [J]. 设计，2010（10）：62-65.

[67] 孙一平，崔影. 台湾及香港地区无障碍设施建设 [J]. 北京规划建设，2007（6）：64-65.

[68] 香港屋宇署. 设计手册：畅通无阻的通道2008 [S]. 2008.

[69] 王旸，张宇红. 台北市无障碍设施设计初探 [J]. 大众文艺：学术版，2012（22）：66-67.

[70] Ministry of Land，Infrastructure and Transport. General Principles of Universal Design Policy [S]. 2005.

[71] 李秀英.日本老龄化社会及其问题浅析［J］.日本研究，1989（3）：36.

[72] 田中直人，保志场国夫.无障碍环境设计：刺激五感的设计方法［M］.陈浩，陈燕，译.北京：中国建筑工业出版社，2013.

[73] 孟庆金.现代博物馆功能演变研究［D］.大连：大连理工大学，2011.

[74] 徐士进，陈红京，董少春.数字博物馆概论［M］.上海：上海科学技术出版社，2007.

[75] 韩雪.中外儿童博物馆对比研究［D］.辽宁：辽宁大学，2011.

[76] 王宏钧.中国博物馆学基础［M］.上海：上海古籍出版社，2001.

[77] 国家文物局博物馆与社会文物司.新形势下博物馆工作实践与思考［M］.北京：文物出版社，2010.

[78] 蔡祥军.基于符号编译和知识学习的博物馆观众行为研究［D］.南京：南京理工大学，2010.

[79] 蔡为之.以展示陈列为主导的自然博物馆使用功能研究［D］.重庆：重庆大学，2010.

[80] 中华人民共和国国家质量监督检验检疫总局，中国国家标准化管理委员会.博物馆照明设计规范［S］.北京：中国标准出版社，2009.

[81] 马颖梁.艺术博物馆自然光环境的设计及研究［D］.长沙：湖南大学，2008.

[82] （日）NIPPO 电机株式会社.间接照明［M］.许东亮，译.北京：中国建筑工业出版社，2004.

[83] 韩颖，徐晓.浅析室内间接照明的情景表现——以某橱柜专卖店照明设计为例［J］.建筑与文化，2011（2）：88.

[84] 于萍.博物馆陈列设计［M］.常文心，译.辽宁：辽宁科学技术出版社，2012.

[85] 刘卫华，曹敏.无障碍博物馆——理念与实践［J］.中国博物馆，2008（1）：23-27.

[86] 小林淳木，等.江户东京博物馆创办的"老年人健康项目"［N］.中国文物报，2010-09-22（60）.

[87] 王娜.智力障碍者空间标识系统的通用设计与研究［D］.上海：同济大学，2007.

[88] （日）田中直人，岩田三千子.标识环境通用设计：规划设计的 108 个视点［M］.王宝刚，等译.北京：中国建筑工业出版社，2004.

[89] 焦岩.博物馆导视系统设计研究［D］.北京：中央美术学院，2011.

[90] 高原.论无障碍设计在标识环境中的运用［J］.美与时代（下半月），2008（11）：11.

[91] 崔恺.建筑和展示设计的互动交流是博物馆建设成功的关键所在［J］.装饰，2009（3）：12-14.

[92] 袁方主.社会调查原理与方法［M］.北京：高等教育出版社，1990.

[93] 时涛.抽样调查中样本量的科学确［J］.泰山医学学报，2010（7）：531-533.

[94] 徐静远.抽样调查中样本量的确定［J］.统计与咨询，2009（4）：43.

[95] 张勇.样本量并非"多多益善"——谈抽样调查中科学确定样本量［J］.中国统计，2008（5）：45-47.

[96] 王宏钧.中国博物馆学基础［M］.上海：上海古籍出版社，2005：122.

[97] 马英民.加拿大博物馆的理念与实践［J］.中国博物馆，2006（4）：96.

[98] 刘禹.基于通用设计理念下的左利者产品设计探讨［D］.北京：中央美术学院，2012：14.

[99] 李姝瑶.感官代偿在产品设计中的应用［D］.南昌：南昌大学，2010.

[100] 中国残疾人联合会.残疾人实用评定标准［EB/OL］.http：//www.gov.cn/ztzl/gacjr/content_459939.htm，2006-12-02.

[101] 冯莹.色盲人群的信息设计研究［D］.北京：中央美术学院，2011.

[102] 刘新.实事求"适"——商品设计评价体系研究［D］.北京：清华大学，2006.

[103] 中华人民共和国住房城乡建设部.建筑设计防火规范（GB 50016—2014）［S］.中国计划出版社，2015.

[104] 国家技术监督局.视觉工效学原则室内工作场所照明（GB/T 13379—2008）［S］.北京：中国标准出版社，2009.

[105] 丁玉兰.人机工程学［M］.北京：北京理工大学出版社，2005.

[106] 建筑设计资料集编委会.建筑设计资料集［M］.2 版.北京：中国建筑工业出版社，1994.

[107] 杨艳芳.论拜耶的通用字体设计及其理念［J］.设计艺术（山东工艺美术学院学报），2012（6）：18-20.

[108] 张小燕.现代城市公共设施中的人性化设计研究 [D].济南：山东轻工业学院，2009.

[109] 黄曦.超越"展"与"藏"——博物馆展柜陈列形式设计的创新 [J].艺海，2013 (5)：223-224.

[110] 王瑞.首都博物馆展柜质量验收办法的研究 [D].北京：清华大学，2009.

[111] 兰海.博物馆环境中展示设施设计的研究 [D].北京：清华大学，2005.

[112] 洪忠党.一个适应图书馆特点的视听室设计 [J].图书馆论坛，1995 (4)：36-37，65.

[113] 中华人民共和国国家质量监督检验检疫总局，中国国家标准化管理委员会.博物馆照明设计规范 [S].北京：中国标准出版社，2009.

[114] 陈超，韩颖.浅析我国城市公共设施建设 [J].江苏建筑，2014 (3)：13-16.

[115] 谭巍.公共设施设计 [M].北京：知识产权出版社，2008.

[116] 李良，赵伟军."两型"社会下城市发展研究 [M].长沙：湖南大学出版社，2009.

[117] 王裕昌.博物馆无障碍设施建设的理念与思考 [J].丝绸之路，2009 (24)：87-90.

[118] 周缘园.英国残疾人信息无障碍理论研究 [J].理论月刊，2013 (3)：179-184.

[119] 中华人民共和国建设部.城市公共厕所规划和设计标准 [S].北京：建筑工业出版社，2007.

[120] 王作成，高玉兰.满意度调查中样本数量的确定 [J].市场研究，2005 (4)：32.

[121] 张晓凡.老年人家具设计 [J].价值工程，2003 (18)：302.

[122] 王晓静.公共图书馆建筑通用设计评价体系研究 [D].山东：山东大学，2009.

[123] T·L 萨蒂.层次分析法 [M].许树柏，等译.北京：煤炭工业出版社，1988.

[124] 方欣.建立中国博物馆展览民间评价体系探索 [J].中国博物馆，2012 (1)：84-91.

[125] 严建强.从展示评估出发：专家判断与观众判断的双重实现 [J].中国博物馆，2008 (2)：71-80.

[126] 中华人民共和国国家质量监督检验检疫总局，中国国家标准化管理委员会.标志用公共信息图形符号 第9部分：无障碍设施符号 [S].北京：中国标准出版社，2008.

[127] 中华人民共和国国家质量监督检验检疫总局，中国国家标准化管理委员会.公共信息导向系统 导向要素的设计原则与要求 第2部分：位置标志 [S].北京：中国标准出版社，2013.

[128] 中华人民共和国国家质量监督检验检疫总局，中国国家标准化管理委员会.公共信息导向系统 导向要素的设计原则与要求 第6部分：导向标志 [S].北京：中国标准出版社，2013.

[129] 中华人民共和国国家质量监督检验检疫总局，中国国家标准化管理委员会.公共信息导向系统 导向要素的设计原则与要求 第7部分：信息索引标志 [S].北京：中国标准出版社，2014.

[130] 中华人民共和国国家质量监督检验检疫总局，中国国家标准化管理委员会.公共信息导向系统 基于无障碍需求的设计与设置原则 [S].北京：中国标准出版社，2014.

[131] 中华人民共和国国家质量监督检验检疫总局，中国国家标准化管理委员会.安全标志及其使用导则 (GB 2894—2008) [S].北京：中国标准出版社，2009.

[132] 国家技术监督局.消防安全标识设置要求 (GB 15630—1995) [S].北京：中国标准出版社，1996.

[133] 程泰宁，王幼芬，王大鹏，等.补白·整合·新构——南京博物院二期工程建筑创作访谈 [J].建筑学报，2015 (9)：51.

[134] 应瑛，王大鹏.从场所认知出发的南京博物院二期工程总体设计 [J].华中建筑，2009 (12)：52.

[135] (丹麦) 扬·盖尔.交往与空间 [M].何人可，译.北京：中国建筑工业出版社，2012.

[136] (韩) 建筑世界株式会社.展览建筑 [M].吴明，译.北京：中国建筑工业出版社，2007.

[137] (美) 哈罗德·R·斯内德科夫.文化设施的多用途开发 [M].梁学勇，等译.北京：中国建筑工业出版社，2008.

[138] (美) 唐纳德·A·诺曼.设计心理学2：如何管理复杂 [M].张磊，译.北京：中信出版社，2011.

[139] (美) 唐纳德·A·诺曼.设计心理学3：情感设计 [M].何笑梅，欧秋杏，译.北京：中信出版社，2012.

[140] (美) 亚瑟·罗森布拉特.博物馆建筑 [M].周文正，译.北京：中国建筑工业出版社，2004.

[141] (日) 高桥仪平.无障碍建筑设计手册：为老年人和残疾人设计建筑 [M].陶新中，译.北京：中国建筑工业出版社，2003.

[142] (日) 日本建筑学会.新版简明无障碍建筑设计资料集 [M].杨一帆等，译.北京：中国建筑工业出

版社，2006.

[143] （日）原研哉. 设计中的设计 [M]. 朱锷，译. 济南：山东人民出版社，2006.

[144] Department of Justice. Guidance on the 2010 ADA Standards for Accessible Design [S]. 2010.

[145] Department of the Environment，Heritage and Local Government Sectoral Plan under the Disability Act 2005 [S]. 2005.

[146] Disability discrimination law and the asia pacific region：Progress and challenges in the light of the United Nations convention on the right of persons with disabilities [Z]. 2009.

[147] Japanese Industrial Standard（draft，Tentative translation）JIS. Guidelines for older persons and persons with disabilities-Information communication equipment and services [S]. 2003.

[148] Sheryl Burgstahler. Equal Access：Universal Design of Instruction [J]. DO-IT University of Washington，2007.

[149] 曹儒. 视障设施的通用设计之研究与探索 [D]. 天津：天津科技大学，2009.

[150] 陈柏泉. 从无障碍设计走向通用设计 [D]. 北京：中国建筑设计研究院，2004.

[151] 陈东. 地铁车站的通用设计研究 [D]. 成都：西南交通大学，2012.

[152] 陈威翰. 中小型铁路客站通用设计研究 [D]. 成都：西南交通大学，2013.

[153] 陈杨. 博物馆展示设计中的环境心理学研究 [D]. 哈尔滨：东北林业大学，2010.

[154] 成斌，李嘉华. 国内外无障碍环境建设法制化之比较研究 [J]. 西南科技大学学报，2004（9）：52-56.

[155] 程瑞香. 室内与家具设计人体工程学 [M]. 北京：化学工业出版社，2008.

[156] 单霁翔. 浅析博物馆陈列展览的学术性与趣味性 [J]. 东南文化，2013（2）：6-13.

[157] 段勇. 当代美国博物馆 [M]. 北京：科学出版社，2003.

[158] 郭凡. 博物馆建筑的观众人数指标研究 [D]. 武汉：华中科技大学，2004.

[159] 韩国产业文化出版社. 文化设施建筑 [M]. 长春：吉林科学技术出版社，2002.

[160] 惠延年. 眼科学 [M]. 5版. 北京：人民卫生出版社，2001.

[161] 贾巍杨，王小荣. 中美日无障碍设计法规发展比较研究 [J]. 现代城市研究，2014（4）：116-120.

[162] 贾巍杨. 美英无障碍法规发展与我国的比较研究及其启示 [J]. 建筑与文化，2014（7）：90-91.

[163] 姜华. 公共环境中的无障碍与通用导向设计 [D]. 吉林：吉林大学，2006.

[164] 景峰. 从无障碍走向通用设计——城市开放空间中的通用设计研究 [D]. 北京：中央美术学院，2007.

[165] 来增祥，陆震伟. 室内设计原理 [M]. 北京：中国建筑工业出版社，2003.

[166] 刘静. 基于通用设计的视障导识系统设计探析 [D]. 北京：北京交通大学，2010.

[167] 刘思文. 触摸屏界面通用设计原则研究 [D]. 上海：上海交通大学，2009.

[168] 刘禹. 基于通用设计理念下的左利者产品设计探讨 [D]. 北京：中央美术学院，2012.

[169] 刘昱初，程正渭. 人体工程学与室内设计 [M]. 北京：中国电力出版社，2008.

[170] 卢安·尼森等. 美国室内设计通用教材 [M]. 陈德民，等译. 上海：上海人民美术出版社，2004.

[171] 曲昭嘉. 建筑无障碍设计与施工手册 [M]. 北京：机械工业出版社，2011.

[172] 任培颖. 公共建筑交通空间的通用设计研究 [D]. 西安：西安建筑科技大学，2008.

[173] 孙海秦. 公共建筑无障碍环境设计 [D]. 天津：天津大学，2003.

[174] 孙蕾. 博物馆参观路线研究 [D]. 广州：华南理工大学，2005.

[175] 万福成. 轨道公交站台信息传达的通用设计研究 [D]. 长沙：湖南大学，2007.

[176] 王集钦. 展柜布置的设计方法 [J]. 中国博物馆，1985（3）：85-89.

[177] 吴玉韶. 中国老龄事业发展报告（2013）[M]. 北京：社会科学文献出版社，2013.

[178] 香港房屋协会. 香港住宅通用设计指南 [M]. 北京：中国建筑工业出版社，2009.

[179] 谢俊. 展览建筑室内交通空间设计研究 [D]. 长沙：中南大学，2012.

[180] 熊若蘅. 公共交通综合体无障碍度评价简述——日本无障碍设计前沿 [J]. 中国建筑装饰装修，2010（10）：160-162.

[181] 徐纯.美国展览评估的再探讨［J］.中国博物馆，2013（2）：71-76.

[182] 赵伟军.设计心理学［M］.北京：机械工业出版社，2009.

[183] 郑曙旸.室内设计师培训教材［M］.北京：中国建筑工业出版社，2009.

[184] 中华人民共和国国家经济贸易委员会.控制中心人机工程设计导则［S］.北京：中国电力出版社，2000.

[185] 中华人民共和国国家质量监督检验检疫总局，中国国家标准化管理委员会.用于技术设计的人体测量基础项目（GB/T 5703—2010）［S］.北京：中国标准出版社，2010.

[186] 周文麟.城市无障碍环境设计［M］.北京：科学出版社，2000.

[187] 朱坚鹏.基于 AHP 的住宅区公共服务设施评价体系研究［D］.浙江：浙江大学，2005：21-26.

[188] 朱茵，孟志勇，阚叔愚.用层次分析法计算权重［J］.北方交通大学学报，1999（10）：119-122.

[189] 住房和城乡建设部标准定额司.无障碍建设指南［M］.北京：中国建筑工业出版社，2009.

[190] 贾巍杨，赵伟，王小荣.无障碍与城市标识环境［M］.沈阳：辽宁人民出版社，2019.

[191] 薛峰，刘秋君.无障碍与宜居环境建设［M］.沈阳：辽宁人民出版社，2019.

[192] （日）佐桥道广.无障碍改造的设计与实例［M］.张丽丽，杨虹，译.北京：中国建筑工业出版社，2018.